U0534145

# Don't Show Off Anymore !

劈你的雷 正在路上

@江明 ——— 作品
社长从来不假装

人民文学出版社

图书在版编目（CIP）数据

劈你的雷正在路上/江明著．—北京：人民文学出版社，2017
ISBN 978-7-02-012573-9

Ⅰ.①劈… Ⅱ.①江… Ⅲ.①成功心理—通俗读物 Ⅳ.①B848.4-49

中国版本图书馆CIP数据核字（2017）第067649号

责任编辑　徐子茼
责任印制　苏文强

出版发行　人民文学出版社
社　　址　北京市朝内大街166号
邮政编码　100705
网　　址　http://www.rw-cn.com

印　　刷　三河市西华印务有限公司
经　　销　全国新华书店等

字　　数　190千字
开　　本　880毫米×1230毫米　1/32
印　　张　8
版　　次　2017年6月北京第1版
印　　次　2017年6月第1次印刷

书　　号　978-7-02-012573-9
定　　价　39.00元

如有印装质量问题，请与本社图书销售中心调换。电话：010-65233595

劈你的雷正在路上
Don't Show Off Anymore！

Part.01
谁的人生不迷茫，为什么偏偏就你丧

很多人标榜自己追求简朴的生活，
可是又有多少是真的因为我们乐于恪守朴素的生活？

很多人找不到一种合适的方式可以满足自己任性的生活，
能力又不足以维系自己的梦想。

人最可悲的地方就在于，
一边抱怨生活，
一边嘲笑他人的勇气，
然后心安理得地过着自己的 loser 人生。

如果你知道你想要过什么样的生活，
那么就要一点点去接近它，越早动身越好。

# 目录 contents

不要在该放荡的年纪谈修行　　　　　　　　　　　003

朋友，你尴尬的不是年龄，而是处境　　　　　　007

你不可能等攒够了钱，再去过想要的生活　　　　011

大部分人的努力程度太低，根本轮不到谈洪荒之力　016

劈你的雷已经在路上　　　　　　　　　　　　　020

就算侥幸得到也要非常努力　　　　　　　　　　024

假如你也三十岁　　　　　　　　　　　　　　　029

你谢见　　　　　　　　　　　　　　　　　　　034

太用力的人跑不远　　　　　　　　　　　　　　039

劈你的雷正在路上
Don't Show Off Anymore！

Part. 02
如果你受够了一成不变的生活

有时候我们做出决定，并非经过深思熟虑，
只是突然间觉得像是听到了某种召唤，
让你去过另一种新的生活。

未知总是让人恐惧，但总能证明一个人的勇气。

这个世界永远不缺按部就班的人，
这个世界就缺那些敢于舍弃的勇者。

# 目录 contents

很多人是活给别人看的　　　　　　　　　　　　047

我爱你北京，再见　　　　　　　　　　　　　　052

我在阿里的最后一天　　　　　　　　　　　　　056

断舍离：该扔掉的全他妈扔掉吧　　　　　　　　060

我被这对离开阿里的夫妻打动了！　　　　　　　064

我的朋友搬进山里，过起半隐居生活　　　　　　066

成年人的生活里没有容易二字　　　　　　　　　070

教养从来不是约束别人的　　　　　　　　　　　074

丰富，以及丰富的痛苦　　　　　　　　　　　　077

劈你的雷正在路上
Don't Show Off Anymore！

Part. 03
你是不是也和他们一样

大多数人都觉得自己将拥有不平凡的人生，
但最后都变成了平凡的人。

在大城市生活，虽然不能靠梦想活着，
但是梦想，让生活变得可以忍受。

这是一个人的生活，人生，
不是一沓钞票，没有了可以再挣；
不是一辆车，撞坏了可以再修；
不是一件衣服，不喜欢了可以送人；
不是一个游戏，死了可以重启。

永远不要做那个死于75岁但在25岁便被埋葬的人。

目录 contents

| | |
|---|---|
| 如果你也即将30岁,但是看上去一事无成 | 083 |
| 写给人群中"不同"的你 | 088 |
| 如果这辈子都不结婚怎么办? | 096 |
| 年轻时装逼,现在起装厌 | 101 |
| 我不想提前领一张50年后的死亡证明 | 105 |
| 和我一起拼凑完整的天空 | 110 |
| 屌丝父母到底哪里不对? | 115 |
| 穷孩子的生存指南 | 118 |

劈你的雷正在路上
Don't Show Off Anymore！

Part. 04

丑话说在前面

任何一个孜孜不倦地宣扬某种"正确"的人，都非常可疑。

别不好意思拒绝别人，
反正那些好意思为难你的人都不是什么好人。

人生最悲催的，是藏着面具上路，
在旅途中伪装成自己最想成为的那种人，
而在现实生活中却逐渐成为自己最讨厌的那一类人。

## 目录 contents

远离那些只是把你当作人脉的朋友　　　　　　　　　　127

情商低的人就不要开玩笑了　　　　　　　　　　　　　130

远离那些用嘴干活的人　　　　　　　　　　　　　　　133

不要透支你的朋友圈　　　　　　　　　　　　　　　　138

别不好意思拒绝别人　　　　　　　　　　　　　　　　142

不要为了掩饰自我而旅行　　　　　　　　　　　　　　145

请在职场上收起你的玻璃心　　　　　　　　　　　　　148

为什么我不推荐你读名著?　　　　　　　　　　　　　152

旅行是看清一个人最好的方式　　　　　　　　　　　　159

劈你的雷正在路上
Don't Show Off Anymore！

Part. 05

你连想都不敢想，怎么去改变

职场不过是利益的松散结合体，
不需要那么多抒情的标榜和粉饰。我们努力工作，
就该得到应有的报酬，这才是最实在的价值体现。

可能你也跟我一样，被人说不安分，
被说想入非非，说你格格不入。
不用担心，就算他们反对、质疑、诋毁，
甚至在一旁等你摔倒看你笑话，
但是他们无法漠视你的存在，
因为他们知道这个世界有一样东西叫可能性。

# 目录 contents

| | |
|---|---|
| 马总，阿里的价值观该更新了 | 165 |
| 如何治疗失眠和抑郁 | 170 |
| 追逐房价的人生 | 175 |
| 我们生活在巨大的差距里 | 180 |
| 那些微信公众号教给我的事 | 184 |
| 我为什么越来越讨厌微博了 | 188 |
| 公众号一天涨粉十万是怎样的体验？ | 192 |
| 与90后打交道的正确姿势 | 195 |
| 再不减肥就晚了 | 199 |

劈你的雷正在路上
Don't Show Off Anymore！

Part.06
跟『差不多』的人生说再见

从小到大，你的生活
算不上太优越，也不算落魄。
你拥有一个差不多的童年，
读了一所差不多的大学，
找了一份差不多的工作，
认识了一个差不多的对象，
现在过着差不多的生活。

你对不熟悉的事情抱有偏见，
恰恰说明自己的无知。

浑浑噩噩不可怕，最可怕的是
浑浑噩噩不自知，平庸亦如此。

# 目录 contents

你看不起的人都成功了，你凭什么不服气？　　　　　　　　　　205

以最普通的身份埋没在人群中，过着最煎熬的日子　　　　　　210

你是你，朋友是朋友　　　　　　　　　　　　　　　　　　　214

请别瞎操心了！　　　　　　　　　　　　　　　　　　　　　218

变牛逼了就很容易原谅别人　　　　　　　　　　　　　　　　222

滚去赚钱，或者滚去读书！　　　　　　　　　　　　　　　　226

你是正经人？那我们别做朋友了　　　　　　　　　　　　　　230

吃亏要趁早　　　　　　　　　　　　　　　　　　　　　　　234

你这种给别人贴标签的行为真的很 low　　　　　　　　　　　237

Part. 01

谁的人生不迷茫，为什么偏偏就你丧

Don't

Show

Off

Anymore!

## 不要在该放荡的年纪谈修行

去年，杨绛去世的消息爆出后，我非常不怀好意地刷了刷朋友圈，想看看我的朋友圈中又混进了多少盲流和跟风狗。果不其然，没过几分钟，朋友圈就被杨绛的爱情、杨绛的人生、RIP刷屏了。

在朋友圈中云治丧悼念名人已经不是什么新鲜事儿了。如果说这次悼念杨绛先生有了什么新玩法，那就是有一群装逼者，自认为自己的悼念方式比别人更高一级，于是发明了手抄杨绛语录的新型炫耀方式。

讽刺的是，《人民日报》火速发了一篇文章提醒网友：尊重杨绛先生，请务必在朋友圈消灭这段话！手抄的《百岁感言》并非杨绛先生所作。这脸打得真是啪啪的！

但更让人无语的是，有的人明明前几分钟还在微信群里索要陆家嘴女主的亲密视频，怎么转个身就发朋友圈说：人生最曼妙的风景，是内心的淡定和从容？

这类人的问题就在于转发太多而读书太少，读书太少，还特爱思考。

1

流传在朋友圈中的《百岁感言》是这样写的:"我们曾如此渴望命运的波澜,到最后才发现:人生最曼妙的风景,竟是内心的淡定与从容。我们曾如此期盼外界的认可,到最后才知道:世界是自己的,与他人毫无关系。"

这段话听上去好像很鸡汤,但确是一个人在经历了人生百态,世事变迁之后对生活产生的真实感悟。其实本身没有任何问题,但是很多年轻人把这句话 PO 在朋友圈以此当作自己的座右铭,就显得矫情和做作了。

装什么大彻大悟,装什么 inner peace 啊!

什么是年轻人,年轻人就应该朝气蓬勃,就应该血气方刚,可以穷,但是不应该把这种与世无争的人生态度当作自己逃避世界的挡箭牌。

2

不是大富大贵的人,是没有资格说淡泊名利的。

**很多人标榜自己追求简朴的生活,可是又有多少是真的因为我们乐于恪守朴素的生活?还是只因为没有能力去追求那些物质和奢侈?**

正是因为我们每个月的收入低得让人心碎,才会在路过奢侈品店的时候不得不加快脚步离开,因为我们知道放在橱窗里的爱马仕包包不是给我们展示的,于是我们把目光转向了廉价的批发市场;正因为我们没钱,身材也不好,所以只能在朋友圈看别人在陆家嘴的四季酒店约会女神,还自我安慰说还好女主不好看。

明明是你什么都没有,为什么还要做出一副主动舍弃一切的样子呢?

都说世界是自己的,与他人无关。可是年纪轻轻,心里正充满各种欲望,如果手里没钱,爸妈没权,长得又丑,试问谁能真的快乐?

3

负负禅师杨奇函曾写过一篇文章:《你未必是人好,你只是没机会放荡》。

其中提到一个观点:很多时候,维持我们的言行合乎道德规范的,往往不是我们的道德情操高人一等或者精神境界俯瞰众生,而是我们的种种短板。

我们可能忽视了这样一个事实:**支撑我们"人品"的未必是我们的人品,而恰恰是那些用来证明我们人品的苦难。**

有个段子写道:有钱而奢侈是贵族的奢华,有钱而朴素是低调的内涵;没钱而奢侈是赤裸裸的装逼,没钱而朴素是穷得真没辙了。

是啊,很多时候,维持我们节俭的,可能是我们的贫穷;维持我们检点的,可能是我们的丑陋;维持我们低调的,可能是我们的平庸。

4

年轻人最容易得的病,就是自恋症,这种病的症状就是太过于沉浸在自己的世界中。

如果文艺青年得了这种病,那真的,简直了,我一时实在想不出该用什么语言表达。

打开这类人的朋友圈,你会立刻被他们的状态吓到:他们为自己看的书、听的音乐、看的电影、膜拜的爱豆而沾沾自喜,强烈的优越感都快从手机屏幕中溢出来了。

他们还有着强烈的表演型人格，不是真的在追悼什么、感怀什么，也不是在呼唤什么文艺复兴，他们的目的也不是让大家去看去读去感受，而真的只是让大家接受自己的装逼。

但是亲爱的，很多时候你在朋友圈中表现出来的孤独、迷茫、不舍、青春，可能都是源于自己的无知罢了。

你其实并没有自己想象中那么多情。

5

不要在该恋爱的时候念佛经，不要在该放荡的年纪谈修行，什么年纪就做什么样的事情。

如果杨绛先生在你这个年纪就悟出了"人生最曼妙的风景，竟是内心的淡定与从容"这样的道理，那么之后可能也就不会写出什么《我们仨》《洗澡》这些好作品了。

如果你真的悟出了，那么我建议那些已经看淡了成功、活出了人生真谛的年轻人，今天晚上 7 点半，换上运动衣和运动裤，我们一起去小区楼下的广场上，舞起来吧。

毕竟，世界是自己的，与他人毫无关系。

## 朋友，你尴尬的不是年龄，而是处境

公众号收到一位云南的小伙的留言，大意是说已经三十出头了，却还大龄未婚，在一家事业单位工作，看着从小一起长大的同学和朋友个个都开始在社会上崭露头角，感觉自己的人生很失败。

于是我问他，当初为什么会选择进事业单位？他说是爸妈安排，刚刚进去的时候福利还可以，逢年过节都有补贴。加上自己本身不太喜欢跟人打交道，做的事情虽然没人正眼看，倒也自得其乐，基本下班之后就没什么事情了。后来无意中关注了我，感觉我跟他蛮相似的，接着鼓起勇气就给我写了信。

我说哪里像啊？我根本就不是公务员啊！他说你也大龄单身啊，更重要的是，三十几岁了还是一事无成不是吗？

我：？？？？

他接着说："社长，你知道吗？我曾经也是个文艺青年，也喜欢读毛姆、王小波，平时也喜欢到处走走，感觉自己心里想法挺多的，但是总觉得生活在一点点吞噬自己。加上到了这个年纪真的太尴尬了，90后都变成社会主力军,像我们这种人该何去何从啊?"

我想了想,回答他说,朋友,其实真正让你尴尬的并不是你的年龄,而是处境。

1

不知道你们和我有没有相同的感觉,当我们还小的时候,觉得30岁真的年纪好大,都应该叫叔叔阿姨了,应该有好几个孩子了,脸上也应该布满沧桑。

而等到自己30岁的时候却说,不,我还小,我还是个宝宝。

环顾四周就会发现,你曾经的小学同学、初中同学真的已经是好几个孩子的爹妈了,看,他们在晒孩子的屎;当你打开手机,看到各种认识的不认识的朋友在秀恩爱、秀美景、秀美食的时候,你会怀疑自己是不是真正活到了一个尴尬的年纪。

这个年纪,父母年过半百,你却还不知道另一半姓甚名谁。做着一份自己并不擅长或者不喜欢的工作,慢慢度日。

没有钱,没有房,也没有社会地位。于是内心受到了一万点暴击,不知道该如何安身立命。

2

物质的贫穷,只是尴尬处境中的一种。

而精神上的虚荣,会让这种贫穷变得难以忍受,让人更加无所适从。有句话怎么说的:这个社会的残酷就在于给了很多与你能力不相匹配的欲望。

**很多人找不到一种合适的方式可以满足自己任性的生活,能力又不足以维系自己的梦想。**

即使你明知道现在的生活很糟糕，并不是自己想要的，但是内心又觉得还没有到山穷水尽的地步，还能再忍一忍，所以并不会有危机感，没有危机感，就不愿立马作出改变。

因为改变意味着未知，意味着不确定性，而人最怕的就是这种缺乏安全感的状态。

3

我的好朋友休闲璐曾经写过一篇文章，叫《穷人更难爱》，她说在这个时代，一个人穷，说明他自身有着很大的问题。

你不觉得现在这个社会，年轻人很难穷吗？真的只要稍微学点什么，用点脑子，对生活稍微用力一点，就可以养活自己。

在这个时代，还坚持穷下去的人他绝对不是简单的穷的问题了，一定是他性格或者人品上有什么缺陷和问题，才导致他穷。

后来我环顾了一下四周，再看看自己，发现问题就在于：懒。一个大写的懒，这种懒不仅体现在赚钱上，更体现在生活的方方面面。

但恰恰是这类人，最会给自己的人生找托词。

4

我曾经很喜欢《月亮和六便士》这本书。

每当自己置身于窘迫境地的时候，我总会想起那个40岁、带着100块钱就只身去巴黎学画画的查尔斯。毛姆笔下的这位主人公在我看来就是一个疯子，他在梦想和现实之间画了一道猩红的线，让两者割裂得那么决绝。

后来随着我的热情被生活消耗殆尽，年岁渐长，却越来越不喜欢梦想这个词了。连六便士都没有了,又如何追逐远方的月亮?

很多人喜欢把梦想和现实对立起来,什么卖掉房子去周游世界,什么辞职去鼓浪屿喂野猫,还有什么离开喧嚣去洗涤心灵的。

可我觉得,**梦想和生活不应该对立,也并不是非此即彼的。梦想并不是一个可以被想象到漫无边际的空虚无意义的符号,而是在期待的那一头,需要有一个可以落脚的地方。**

5

我不相信一个连现实生活都没有办法过或者每天只会做梦不去行动的人,竟然还会愚蠢地相信,天上会掉一个大馅饼砸在自己脑袋上。

就如同前段时间网上盛传段子:

靠星座运势指导人生,靠水逆解释失败,靠转发锦鲤祈求好运,靠喊口号减肥,靠八卦斗图解决工作日,靠幻想丰富爱情……

然后他们一摊手:听过很多道理,但依然好不过这一生。

再来一句:我有酒,你有故事吗?

没有人比你更清楚,现在的处境有多糟糕。

所以与其在别处寻找答案,不如静下心来问问自己,你多大了?还想混吃等死到什么时候?岁数也不小了,成熟一点吧。

## 你不可能等攒够了钱，再去过想要的生活

离职之后，我每天的生活基本是这样的：早上睡到九十点，接着起床看会儿书，下楼吃个早午饭，下午继续看会儿书，或者写点东西，晚上出去跑步，去健身房装个逼，然后回家看电影，补番……睡觉。

听上去是不是还挺惬意，但是没有工作的生活有时也很尴尬。比如在街上碰到熟人，或被邀请到一个不熟悉的饭局上。没有名片就显得这人不太正常，仿佛工作是一个人存在于社会的合法性依据。

而我，总是不按常理出牌。

我的人生曾有过三段无所事事的时光。

第一次是 2013 年，我离开游荡了八年的北京回到杭州，曾经以为所有城市都能够过于轻易地抵达，后来才发现想要融入一个地方生活需要付出怎样昂贵的代价。后来在家躺了两个月，觉得生活真是漫长。

第二次是 2015 年秋天，我从 A 公司离职。那是一家很棒的公司，给

的待遇也相当优渥，但是在 A 公司的每一天都不是特别开心，每天早上的闹铃貌似都在提醒我说，这不是我想做的事情，我不能以这样的方式度过一生。

第三次是不久之前，年初的时候，我和我的前同事一起创业，做一个商业地产类的项目，这是一支很不错的团队，市场前景也相当被看好，但是在连轴转了几个月之后，我对自己的信念忽然产生了怀疑，我并不是一个真正适合创业的人，我不擅长交际，不喜欢过长的工作时间，不喜欢贫乏的私人生活。

更要命的是，我对于那些汗水和时间所兑现出来的未来表示怀疑，这可能真的不是我想要博取的。

有朋友在我离开前曾劝说，你趁年轻辛苦几年，等赚够了钱再去过自己想要的生活不是更好？问题就在于，什么时候能赚够，赚多少算是赚够呢？生活不是卡带，你唱完了这一面还可以随时打开切换成另一面。

而当我们跑得越快的时候，因为无法看清，就越没有办法确认，我们是否在朝着正确的方向奔跑。

1

五岳散人曾在微博发了一个老鸭汤，他说："对大多数喜欢过自己想要的生活的人来说，追求自己的理想才能有机会有钱。而不是反过来，有钱了再去追求理想。"

因为你在追求自己目标的时候就会融入一个圈子，里面有机会。

对此，我举双脚赞成。

虽然此刻的我对这个话题没有太多的发言权，因为毕竟离"成功"二字还相去甚远。但是厚着脸皮说，这样无所事事的我，相比以前一本正经地生活，却拥有了更多的机会。

拿做公众号这件事儿来说。正式踏上这条路以前，我还是一个极度内向、缺乏自信的人，虽然有很长一段时间都在大公司里待着，但是内心一直想做个自由职业者。我不是那种特别有天赋的人，追求的姿势也近乎难看，但是断断续续，一个人业余经营了三年时间，竟也吸引了一部分读者，到现在居然可以靠着写点小广告支撑生活了。

我是喜欢这件事的，从内心深处来说。假如我开设账号的第一天，就有人提刀架在我脖子上说，快写，写三年你就有几十万粉丝，就有很多品牌找你打广告，你就可以赚钱了，我觉得我会立马死掉。

因为做这个账号，我才得以被人发现，后来进入了 A 公司，后来被更多的朋友认识，有的成为了生活中很好的伙伴，有的给我输送了很多资源。当然，也是因为这个，结识了很多以前我想都不敢想的朋友。

而我很清楚的一点是，这并不是依靠我在某个公司或者平台的力量。所以当你做一件事情，做得足够好的时候，也许并不是直接奔着赚钱去的，但是很多东西都会被当作附属品馈赠给你。

2

我在北京认识的一个朋友，每份工作时间不超过两年，每次工作的目的简单直接：为下一次旅行积攒费用。她比我大四岁，旅行是她生活的一部分。

我第一次见到她的时候，只觉得她这样的人生简直疯狂，甚至一度想拿一把榔头敲开她的脑壳看看里面藏的到底是什么鬼！

对于她我有太多的疑惑，比如她不担心旅行中发生意外吗？旅行中没钱了怎么办？旅行完了回来不是还得生活吗？未来靠什么支撑？

但是她说，旅行就是她生活的一部分。她在很早的时候，就意识到这一点。没有太多冠冕堂皇的理由，那些地图上的坐标，无论是东京、巴黎，还是纽约、墨西哥，对她而言，都稀松平常，因为它们太过唾手可得，太近了。

"一张机票就可以抵达的地方，不应该叫作梦想，梦想不应该这么廉价的。"她说。我想起《阿飞正传》中无脚鸟的故事，飞累了就睡在风中。

后来我再也没有表达过我心中的那些疑问，那些飞离的城市，那些永远无法抵达的地平线。无论生活背景如何变化，她都在活出同样的自己。

3

有人会说，只要有能力，无论怎么样都可以活得很好。

遗憾的是，**很多人的勇气太少，根本轮不到拼才能。**

也有人会说，运气是很大一部分，可如果你把大部分人的成功都理解为运气，可以让自己心里好受一点的话，我也无话可说。

我想说的是，你为什么就不相信自己也有这种运气呢？你不出去走走就永远不会有运气。

**人最可悲的地方就在于，一边抱怨生活，一边嘲笑他人的勇气，然后心安理得地过着自己的 loser 人生。**而随着时间的流逝，慢慢地，就已经不再有能力按照自己喜欢的方式去生活了，甚至被剥夺了这样生活的权利。

年纪越大，追求自己想要的生活成本就会越高。

试想一下，当你老了，生活中的任何一个细枝末节，可能都难以再按照自己的意志去进行：几点睡觉，几点吃饭，今天吃什么，穿什么样的衣服，自由的行动，甚至是如厕……

4

我写这篇文章的目的,不是希望你跟我一样动不动就辞职或者动不动就去旅行,我的意思是,**如果你知道你想要过什么样的生活,那么就要一点点去接近它,越早动身越好。**

生活中,无论哪种生活方式,从事哪种职业,其实都没有高低贵贱之分,也不需要他人去评判,如人饮水,冷暖自知。

在俗世中,一个人拥有多少财富的确很重要,它可以用来换很多东西。但是时间,比你所拥有的财富更重要。时间值不值钱,就看你把它分配到什么事情之上,与什么做交换。

每个人的时间都差不多,但是每个人的汇率不同,有些人可以用很少的时间换到尽可能多的财富,有些人则需要用很多的时间才能换到很少的幸福。

欲望是一个永远得不到满足的虚无,大多数人也许一直都明白自己想要什么生活,但是当他们获得之后,这种生活他们已经不想要了,所以想清楚,真正能让自己获得满足感的是什么。

5

Randy Pausch 在他著名的"最后的演讲"中提到过一个很实在的观点。

他说,在我们追寻理想的道路上,我们一定会撞上很多墙,但是这些墙不是为了阻挡我们,它们只是为了阻挡那些没有那么渴望理想的人们。这些墙是为了给我们一个机会,去证明我们究竟有多想要得到那些东西。

也许现在这段无所事事,看上去灰暗的时光就是一堵墙吧。

那么,墙外见。

## 大部分人的努力程度太低，
## 根本轮不到谈洪荒之力

不知道你们有没有这种感觉，当自己很在意的人要加你微信好友的时候，你总会特别小心翼翼，生怕之前发了哪一条不好的内容，暴露了自己是个 low 逼的事实。

于是，在通过好友验证前：心灵鸡汤？删掉！无主情话？删掉！成功语录？删掉！九宫格自拍？删掉！晒加班秀恩爱拍马屁统统删掉！

我跟你们讲，经常删除朋友圈状态的感觉特别爽！就像是删掉了自己曾经是傻×的证据！每次有新好友加你的时候，都会给人一种清清白白的感觉。

昨天夜里，我把朋友圈清空了，删完之后感觉整个人都清爽了起来。很多朋友不明所以，还以为我把他们都拉黑了，问我为什么把所有状态都删了。

我说之前发的内容都太矫情了，也没什么营养。那些被放大的辛苦和努力，其实都带有一两分表演的意图，说到底还是藏着某种希望，希望被看见，希望被理解，希望被同情。所有内容的最终指向都不过是自己感动自己罢了。

然而，认真做事的人哪有时间一天到晚刷朋友圈啊，只有那些闲出屁来的人，放个屁都恨不得敲锣打鼓让全世界知道他刚刚出力了。

1

环顾一下身边，就会发现这样的人特别多，也许是同事，也许是同学，也许是朋友，每天都在披星戴月地感动自己。

比如说工作这件事，可能每个公司都有这么一两个奇葩：

每天风尘仆仆地来上班，冲进办公室的第一时间就喊哎呀忙死了忙死了；每个晚上发朋友圈晒加班必说勿忘初心；每次恨不得半夜定个闹钟起来发邮件，每次发周报都写得老长老长，恨不得把替同事收快递买盒饭都写进去。

你说他工作不努力吧，他的姿态放得比谁都高，你要说他不辛苦吧，他看起来比谁都忙。

遇到这样的同事，可以说谁不讨厌就是不客观了，想送一句乔布斯语录给他——如果你很忙，除了你真的很重要以外，更可能的原因是：你很弱，你没有什么更好的事情去做，或者你装作很忙，让自己显得很重要。

2

你们最爱的菜宝，曾经写过一篇文章叫《手上有血》，他举了一个例子：

就是在网上看博客，凡是那些写了许多关于VI方面文章的家伙，自己做出来的东西都一塌糊涂；凡是写了许多关于产品心得的家伙，自己造出来的产品都惨不忍睹。

言说是一件很容易作伪的事情。不要听一个人夸夸其谈，声称自己有多么牛逼，或者多么努力，手底下的活儿是很难藏住马脚的。

如果一个人手上有血，身上有汗，业余时间能做一些自己喜欢的事情，那么他就不会用言辞把这些事情包装起来，以获取他人的信任。

3

长期关注我账号的朋友一定知道，我特别喜欢民谣，平时没事也喜欢弹弹吉他什么的。

但是你知道吗？长期弹吉他的人，手指上是布满老茧的。

所以，我想说：要想人前显贵，就得人后受罪？不不，装逼没有那么容易，才会让人特别着迷。

你可能也会有这样的感受，当你真正享受一件事情的时候，会更容易学会一门外语、一种乐器，或者一项什么技能，因为你很少会质疑练习一次会收获多少，往往沉浸在其中很长时间，才发现，哦，原来我已经很厉害了呢。

只有那些精明狡诈的人，才会相信十句话揭秘马云的成功之道，20天学会辩论技巧，30天成为摄影达人的故事。

最可笑的是，这类人还特别喜欢把这些东西像牛皮癣一样到处散发，逢人便说，恨不得一张名片上印50个title，每次看到都会让你红着脸躲避。

4

现实生活中，付出往往没有那么立竿见影。

奥运会那会儿，很多人都爱上了那个叫傅园慧的姑娘，包括我。

在比赛之后，主持人问她状态怎么样？她说："我已经用了洪荒之力了。鬼知道我都经历了什么，太累了，我感觉我都要死了。"

很多人都被她前半句的率真活泼给逗乐了，但是却忽略了后半句的意义。

那段时间几乎所有媒体或者公众号都在说洪荒之力，看得我真想跟他们丫拼了，我想说——大部分人的努力程度太低，其实根本轮不到谈洪荒之力。

5

在体育竞技中，能拿到金牌的只有一个人，大多数运动员可能要默默无闻一辈子，但是傅园慧给我们上了非常生动的一课：**最可贵的努力，是选择做一件可能无法立即获得回报的事情，依然拼尽全力，从热情到专业，最终的结果也许不足以让你独孤求败，但足以出类拔萃。**

千万不要去做那个只能自己感动自己的人，对于大部分人来说，能把生活中一些小事做得足够出色就已经很了不起了。

对吗？

## 劈你的雷已经在路上

有一次英国搞了一个"赫敏在地铁藏书"的活动,然后在媒体和公众号一惊一乍的传播下,引起了国内很多网友的关注。"全世界都疯了!"他们在标题里使用了这样辣眼睛的文字。

接着有几个公众号也开始在各个城市发起类似活动,起初并没有引起广泛关注,直到新世相在去年推出了丢书大作战。所以,全世界疯没疯我不知道,但是我看朋友圈很多人都疯了。

我不怀好意地打开朋友圈,习惯性想要看看这次又有什么人在跟风,果不其然,一夜之间,我几乎所有的好友,都变成了喜欢读书的人。

"当你的才华还撑不起你的雄心,那就应该静下心来多读几本书。"他们这样说。

当时我就喷了!我一直以为阅历啊内涵啊是非常难能可贵的,哪里知道,现在的人,在地铁里抢几本书、转发几个鸡汤、发几个图文不符的状态就立马获得了!

1

坦白说，新世相那次的活动，从商业角度来说非常成功，至少引起了广泛的传播和大面积的刷屏。而我个人也是非常欣赏他们每次做的活动，总能赐予我是否拉黑好友的判断。

我不觉得他们这属于抄袭创意，他们本身就联系了英国的发起团队；我也不觉得他们联合了一些明星搞此次活动有什么不妥，为了保证传播最大化是非常必要的。事实上，我觉得该团队在普及全民读书这件事情上，真的挺厉害。

我比较纳闷的是，好像在这次活动之前我都不知道我朋友圈还有这么多文学青年，这么多喜欢读书的 boys 和 girls。

什么时候图书也变成一种可穿戴设备了，出门在脖子上挂一本比拎一个爱马仕包包还抢眼了，你自己喜不喜欢看书你自己还不知道吗？

2

有一句话叫：你现在的气质藏着你读过的书，爱过的人，走过的路。

如果以这种方式形容的话，那么有些人的一生会变成一本美图秀秀指南，有些人死后会变成一本菜谱，有些人死后会变成一张地图，而有的人会变成一本盲流的自我修养。

是的，喜欢在社交网络炫耀自己爱看书的基本都是盲流，无一例外。

他们把矫情鸡汤当作人生哲学，把励志成功学当作职场行为准则，总是希望在不需要努力和历练的情况下，获得更多的人生感悟。

而读书可能是他们装这个逼最低成本，最没有门槛的一种行为。

## 3

朋友，不喜欢读书真的其实也没什么不好意思的。

每个人的爱好都不一样，专注的事情也不一样，我们不见得非要跟特别爱读书的人交朋友。只要一种爱好能够让你产生乐趣、感到快乐，哪怕再卑微、再不入流，也希望你能沉浸其中，不必盲目跟风，让全世界知道。

最可怕的事情莫过于，明明不喜欢看书，却非要装出一副读书人的样子，然后朋友圈发的都是些烂大街的畅销书。

阿弥陀佛么么哒，古道西风草泥马，或者是马云语录，卡耐基哲学，高效能人士之类的成功学，一下子暴露了自己的盲流本性。

更可怕的是，每次当他们 PO 完照片，还要加上一句：读了这么多书，依然过不好这一生。

你读了这么多鸡汤和成功学，能过好这一生才是见了大头鬼了吧！

## 4

我的朋友圈有这么一个人，是我朋友公司的前台。

我朋友开的是一个皮包公司，卖的是老家一些土特产，基本不用怎么打理，所以小 A 是前台兼销售兼售后兼总经理秘书这样一个角色，别看 title 这么多，月薪只有 3500 元。

因为闲着没事，我经常去朋友公司蹭网蹭空调，每次去都发现妹子的桌上放着一大摞书，都是关于人生和世界的。

什么《少有人走的路》《从你的全世界路过》《人生不过如此》，还有一些佛教感悟什么的。

我曾好奇问她："这些书你都看过吗？"

她说："基本都看过，但是看完也不知道讲啥，反正闲着也是闲着嘛，就多看看书。"

我说:"你闲下来的时候,应该把心思放在工作上,这种书看多了没什么意思。比如你可以想想办法怎样提升业绩,怎么把土特产卖得更好,怎么在包装上花一些心思,增加用户的返购率。东西卖得多了,工资就会涨呀。"

她说:"我没想那么多。"

我说:"你要明白,社会精英阶层喜欢一边啃着心灵鸡腿,一边为我们送上了心灵鸡汤,说人生的价值并不在于你挣了多少钱和外在是否美。你这种情况,就不要看书了。"

于是我就被她拉黑了。

5

有句话说:精神追求应当是物质追求得到满足后的自然反应,而不是在现实受挫后去寻求的安慰剂。

无论是阅读、音乐,还是旅行,它们不应该被当作挡箭牌或者避难所,当你的物质生活有了一定的保障,阅历有了一定的提升,你在看在听在玩的时候,自然会有更多收获和乐趣。

如果你连基本的生活都没有办法保证,还整天想这些有的没的,不必你拧着脖子跟别人吵,自己就已经输了,劈你的雷也已经上路了。

## 就算侥幸得到也要非常努力

有一次在公众号推送完《除非你改变阅读的书和交往的人》这篇文章后,我就后悔了。

倒不是说"让别人都看点书"这种态度有多少自以为是的成分在里面,而是我答应了大家,要从下单的读者里选五位,每人送出一本我自己读过的书。然而当我再次打开后台的时候,我才发现这个临时的决定是一个大坑。

妈妈,我要跳票!

尽管我知道,就算不给大家送的话,也没有人会埋怨我,毕竟很多人整天在微博抽奖,都是抱着试试看的心态,哪会有人真的追究那些面膜啊包包啊是否真的落在谁的手里。但是我优秀的品格及时阻止了我这种不要脸的想法,所以最终,我从给我发送订单的读者中,挑了50名用户,每人送一本我看过的书。

挑选的过程差点把我的眼睛搞瞎。

你可能会问,怎么变成五十人了?这五十人是怎么挑的?是不是看谁头像好看就选谁?

不是的。在这里我要赞美一下微信功能,你们可能都不知道,就是我在后台可以看到每一位用户曾经跟我的互动情况,多少次评论,多少次留言,以及多少次打赏。所以正当我面对一大堆美女的头像无从下手的时候,它很好地帮我解决了这个问题,我挑选了曾经给我打赏过的用户,数了一下正好五十名。

所以说,这个世界其实真的不太有侥幸的事情,就像茨威格说的那样,所有命运赠送的礼物,其实都在暗中标好了价格。

我不知道你们有没有侥幸获得过一件礼物,可能是一份称心如意的工作,一个善解人意的姑娘,一张从来没有期待中奖但是中了的彩票,whatever。不知道后来的结局是怎样的。大多数人被突如其来的幸运冲昏了头脑,却很少考虑过自己有没有辜负这份幸运。

我想说,即使侥幸得到,也要非常努力呀。

1

我人生中第一个感觉自己侥幸得到的礼物,是我的第一份工作。这份工作带我进入了互联网领域,认识了很多厉害的人,并使我有能力朝着更高的地方伸出手。

说起来侥幸,的确是侥幸。那时我还在学校背英文单词,有一天我们班上的女同学打电话问我,想不想去五道口的微软大楼实习,她说今天下班在电梯里碰到一个人,问她有没有合适的同学推荐,她就想到了我。

在那之前,我没有任何的实习经验,除了当过半年的奥运志愿者,在工人体育场卖票、检票,给人指路,this way、that way 的。反正那次的面试很顺利，在回家的路上我就接到了当时老板的电话，让我尽快入职。

刚开始工作的那段时间里，会有很多人质疑我。也有人抱着关心你的心态来打听我是否真的可以胜任这份工作，还是完全就是走了狗屎运。他们说，你在里面主要干些什么呀？他们说，那些事情你都会做吗？

的确有很多不会做，准确地说大部分事情我都不会做。但是哪有人生下来什么都会做的呢？那段时间我基本每天六点不到就起床，七点准时到公司。北京的冬天有多冷呢？公交车是灌风的，座位是冰的，扶杆也是冰的。

我坚持了一年多。

那时真的是非常倔强，当别人说"你不行""就你？"时，其实不像是为了证明自己，更像是在跟对方赌气。

2

我人生中第二个侥幸得到的礼物，是获得和菜头的推荐。

那时我已经辞去阿里的工作，全职投入公众号运营中，本来以为会像堂吉诃德一样去挑战风车，没想到后来上演了一场蹩脚的马戏——运营了三年的公众号挂了。

很多人说我可能不适合干这个，得罪的人太多了；也有人说，这不是一份正经的工作，我应该回阿里上班去。我自己也会怀疑，怀疑自己做的事情是否真的有价值。

那时当我对任何事物都失去信心的时候，和菜头在"槽边往事"帮我写了一篇文章，结果我又重新吸引了几万读者。我从来没有想过有一天会得到他的推荐，对我来说，和菜头是我青春期的一座灯塔，以至于那个下午我差点泪洒键盘，熟悉我的朋友都说，这种感觉就好像一个小伙子喜欢了很久的刘德华，突然有一天，刘德华跟他说，我的老家，也住在这个屯儿。

那一晚我回复了每一个读者的留言，一直到凌晨四点，不想睡去。

3

我人生中第三个感觉自己侥幸得到的礼物，是通过一篇文章一天涨了十多万用户。让我的公众号在经历了几个月的低潮之后，一夜之间满血恢复到了以前"路边社"的水平。

前几天有个朋友通过在行约我吃饭，特别神秘特别小心翼翼地问我，当时那篇文章是不是有推手？花了多少钱做的营销？

我很直接地告诉他，没有。传播这件事情，一旦传播起来了，其实是没有办法控制的，只能说当时那篇文章很好地契合了热点。

他说那你还真的是挺幸运的啊。言下之意可能是——"我就是没有你这种运气，我要是有运气，我早就红了，早就有钱了。"

我笑而不语。

4

看了衩姐写的文章《比你美的人也活得很辛苦，生活有一种一视同仁的残酷》，真的很有感触。

她说，对于很多人来说，比你美的人还比你努力成功，这一点你很容易接受。你不太容易接受的是：你看不起的人、你觉得比你丑的人、你张口闭口称作 low 逼的人，最后似乎也比你过得好。

"醒醒吧，你过什么样的生活，全在于你对你自己生活的投入程度。"

休闲璐转发的时候写道：大家都在骂段子手发广告赚钱，但是你不知道我们为了写稿子每天熬夜到什么时候。

是的，即使你拥有了很多很多的关注者，粉丝，你还是要非常努力，这不是说为了让大家看上去毫不费力，毫不费力的成功也没什么了不起的，至少在我看来，非常努力地获得成功更值得尊重。

5

这个世界没有理所应当，理所应当获得一个漂亮的女朋友，理所应当地获得一个可靠的男朋友，一份工作，一个包包……

可是如果你不努力使自己能配得上这份侥幸，它迟早还会溜走。

有句话说，越努力，越幸运。而我想说的是，**当你幸运得到某件礼物的时候，其实更应该努力，因为世界上最遗憾的一句话莫过于——我本来可以的。**

与大家共勉。

## 假如你也三十岁

按照虚岁算的话，我今年应该三十一了，但是我不太想按照虚岁算。本来相差一岁两岁也没什么，但是在三十这个坎上就不好说了。

你三十岁，人家会说，哦三十岁，你看上去的确有三十了。但是如果你说你三十一岁，人家就会说啊没看出来居然快奔四了。虽然人家说得没错，但我还是很想拿鞋底板去抽他的嘴。

古人云：三十而立。我一直以为这句话的意思是，等你到三十岁的时候，你应该成家立业了，按照世俗的标准，应该有一份稳定的工作，有一个完整的家庭，说不定能买得起一套小房子，一辆小车，然后兢兢业业。

后来我才发现孔子说的三十而立，并不是说成家立业，也不是说立志向，而是指向内心，确立自己的为人处世和对待生活的态度和原则。看到这条我瞬间松了一口气，因为如果按照世俗的定义，绝大多数三十岁的年轻人包括我，在目前的环境中，都立不起来啊，真的好险！

之前我写过《朋友，你尴尬的不是年龄，而是处境》和《你不可能等攒够了钱，再去过想要的生活》，今天写这篇《假如你也三十岁》，算是一个系列吧，我管它叫江三篇，朋友说这样的系列比较厉害。

1

曾经有人问我，社长，二十多岁，是不是人生中最艰难的时段？我说是的。

青春最残酷的地方就在于：**给你与能力不相匹配的欲望，让你在最虚荣的年纪一无所有。**

你二十多岁的时候，可能刚刚离开家乡去远方求学，可能刚出校门走向职场，前路有很多事情等着你去做，但是你却不知道该怎么从这一头走到那一头。

你最亲近的关系或许并不那么美好，你的想法和观点总是和家庭背道而驰，但是你又没有足够的能力去说服他们，或者证明自己。

你有不少朋友，但是真正能说话的也就那么几个，或者说没有，你厌倦了热闹，但是又害怕孤独，在拼命躲起来的时候，又渴望被找到。

你想的事情有很多，关于文学，关于爱情，关于穿越世界的旅行，但是你想要的幸福却像是一条结实的缆，死死地把你拴在码头。

你想挣脱，但是你无法挣脱，生活中的任何一点小事都有可能变成大江大河，排山倒海般地向你袭来，将你掀翻。

二十多岁的生活，真是糟糕透了。

2

因为贫穷，很小就学会了克制，那种有钱人家买什么都行，但是自己只能默默忍受煎熬，成长过程中很多正常的需求，都会因为没钱而受阻，对于未来也不敢有太大的非分之想。

因为贫穷，所以对自己也失去了要求，觉得这辈子可能大概就这样了吧，毕竟从起跑线上就输了，有的人一出生就在罗马了。

遇到喜欢的人，第一感觉是自己配不上，有时候也会暗自担心自己是不是会孤独终老。

有人说青春最残酷的地方其实不在于你在最虚荣的年纪却一无所有，而是当你有钱了，能承受得起一个更好的包包，一次更好的远行，一段更好的爱情时，你已经没有同等的青春去呼应了。

更好的生活，可能会在不远的将来一一兑现，但内心的创伤不会自动痊愈。

尽管你知道，现在这段难挨的时光，放在足够长的时间里回头看，都是不值一提的狗屎，但是你现在最大的问题是，该如何挨过眼前的这坨不知道它究竟有多长的狗屎。

3

但是活到三十岁之际，我想说的是，二十多岁，无论贫穷还是富裕，无论经历怎样的生活，都是你人生中最棒的时期。

那时你还年轻，可以犯任何的错误，并且不必用余生来偿还这样的错误。当你年纪越大，试错的成本就越高，改变生活的代价就越大。

试想一下，你在二十岁的时候喜欢一个人，和你在四十岁喜欢一个人感觉是不一样的。当然，你在二十岁的时候失去了一份工作，和你在四十岁的时候失去一份工作，感觉也不同。

在二十多岁的时候，生活得小心翼翼简直就是奇耻大辱好吗？你不必着急为退休攒钱，想要一份一辈子安稳的工作，也不必想着喜欢一个人就要和对方厮守终生，拥有稳稳的幸福。

事实上，我一直觉得那些敢打破既有生活的人最酷，不管既有的生活是幸福还是不幸，因为打破即意味着自由，意味着未知，**未知总是让人恐惧，但总能证明一个人的勇气。**

我的便签条上一直记着这句话："It's ok to be scared！Being scared means you are about to do something really really brave！"

4

活到三十岁，对财富这件事应该不要有太大的执念了。我对赚钱这件事的理解有两个：一、财富自由不在于你能挣多少钱，而在于你能花多少。二、要知道挣到钱之后你想过什么样的生活。尤其是第二条。你要想一想，这种生活是不是必须挣到钱之后才能过上，或者说这样的生活是不是你理想中的生活。

有人说，等我有钱了，我就天天在家看书，我就天天出去旅行，或者我就天天躺床上打游戏。那么在你的理解中，这样的生活对于你是财富自由之后的更高级的生活吗？

欲望是一个从来不会得到满足的东西。

我有很多家境平平的朋友，也有很多富二代朋友，我观察过他们的生活，只能说，生活得幸福与否，跟金钱本身并没有直接的关系，跟自我实现有关系。只有你自我实现了，更好的生活才会随之而来。

5

身边很多朋友进入三十岁之后就开始焦虑、不安、纠结。其实在我看来都是因为太渴望成功，太渴望在外界获得他人的认同了。

我们总是渴望付出一点就收获一大片，此刻洒下种子，恨不得立马就长成参天大树。

那是不可能的，过了三十还整天幻想买彩票能中奖的人，已经不是单纯幼稚的问题了，简直是异想天开。

李娟说，人之所以能够感到"幸福"，不是因为生活得舒适，而是因为生活得有希望。

那我的理解是，**生活的意义不在于你打败了多少人，上升到什么阶层，赚了多少钱，而在于你每天睡觉前，觉得今天没白过，对明天还有期待，前有远方，后有归宿。**

这才是有盼头的生活。

到了三十好好保重自己的身体倒是真的，记得每年去体检，你不能再和年轻人去拼身体了。希望你们的三十岁都有自己的方向，有明亮的内心和清澈的眼睛。

## 你谢见

我以前挺好说话的,谁在我后台留言我都会回复。但随着我的友善被一些盲流日益消耗殆尽,现在终于慢慢学会了闭嘴。

有时候我觉得自己真的是一个冷漠的人,大多数时候我都没有耐心去聆听别人的抱怨。当别人跟我说工作不顺心、恋情不顺利、生活太迷茫的时候,我都能做到置之不理。

让我比较好奇的是,为什么有这么多年轻人活得如此拧巴?为什么有那么多人整天沉迷于各种鸡汤励志成功学,却不愿意在现实生活中多做出那么一点点改变?

最近我才发现心灵鸡汤受欢迎的终极原因:因为大多数人都愿意在不需要人生历练和深入思考的前提下获得无病呻吟的感慨,所以各种人生导师和正能量语录才会有如此火爆的市场。

今天,有着三十年路边看相经验的杭州城西野生仁波切大师就来跟大家讲讲，怎样才能拥有一个洒脱且自在的人生。

希望大家少发点状态，多看点书，去学习，去感悟。

**自在奥义第一条：不盲从。**

不要因为害怕孤独而委屈自己去附和别人，事事抱团、一分钟寂寞都怕的人，大多一事无成。

我们每个人都曾经历过这样的场景：比如朋友聚餐，大家都去了，你为了不扫兴也假装兴致勃勃地参与了，但是你的内心其实是不愿意的；又或者工作应酬，大家都举着酒杯说一些冠冕堂皇的漂亮话，于是你也只能拍着胸脯去加入他们。

不知道从什么时候开始，我们越来越在意别人的眼光。总是追逐热闹，害怕离群索居；喜欢盲从，害怕特立独行。小心翼翼地守护着别人给我们定义的形象，生怕自己被排挤。

每个人看上去都成群结伴，然而却又各自孤独地活着。

真正让我佩服的，是那些特立独行的人，他们不会因为别人的评价而改变自己的初衷，也不需要用普通人的价值标尺来衡量自己，他们在自己的世界里活得洒脱而又自在。

**自在奥义第二条：不矫情。**

相信每个人的朋友圈中都有一个矫情的人。每次一刷朋友圈，都感觉她是不是经历了什么不得了的大事，或者经历了什么重大变故。

比如得了一场小感冒，就发个状态说，身体被撕扯了；跟朋友闹矛盾，就感觉天崩地裂了；半夜喜欢说无主情话，要么荒芜啊荒芜，要么冷冽呀冷冽。

24小时挂在网上，一天更新80条朋友圈，屁大点的事情都会被她无限放大，渴望被注视，被同情，被安慰，每一次的心情都带有八分表演的成分。别人看得已经鸡皮疙瘩掉了一地，她还在那儿说啊说。

但是亲爱的，你知道生存没有什么玄妙的大道理，所以真的没有必要苦大仇深。

**自在奥义第三条：断舍离。**

"断舍离"的概念是由日本的山下英子提出的，讲述现代家居整理方法，听上去像是一次大扫除，但是背后却藏着高深的哲学理念。

断＝对于那些自己不需要的东西不买、不收；

舍＝处理掉堆放在家里没用的东西；

离＝远离物质的诱惑，放弃对物品的执着，让自己处于宽敞舒适、自由自在的空间。

但也不仅仅是对物质，其实这个概念对任何事物都适用，没用的东西就应该及时处理掉，包括一件再也不会穿的衣服，一份没有前途的工作，一段不必要维系的感情。

一个人能否感到幸福，取决于他能在多大程度上脱离对外部世界的依附。

**自在奥义第四条：你谢见。**

从小到大，我们常常被教会如何去交新朋友，适应新地方，看新风景，打拼新世界，但是唯独没有学会该如何去告别。

天下没有不散的宴席，分离与告别也许是世间最让人心碎的事了。但是活在人世，有什么是可以永远和你不说再见的呢？

从小一起长大的朋友会说再见，情意绵绵的情人会说再见，即使是那些口口声声说会永远挺你的读者，在转个身的瞬间也说取关就取关了。

Shreya Ayanna Chaudhary 说过这样一句话：

"机场比婚礼殿堂见证了更多真挚的吻，医院的墙壁比教堂聆听了更多祷告。"

就像王菲歌词里唱的那样，没有什么会永垂不朽。

那么，你好，谢谢，再见。

**自在奥义第五条：让别人觉得自在。**

活得自在，并不是对什么都不管不顾。在与他人相处的时候，如果一味地只考虑自己的利益和情绪，那不叫自在，叫自私。

怎样才能让别人觉得自在呢？

很简单，就是把对方的位置和你换一下就可以，设身处地想一想，如果别人以这种方式对待你，你会不会感到不自在？

比如关系一般但是表现得过分亲热，比如开一个不合时宜的玩笑，比如在大庭广众之下嘲笑别人的缺点，比如在公共场所大声喧哗，脱掉皮鞋，公放手机音乐……

不要说这种细枝末节的事情太琐碎，这个社会对于一个人的评价往往出自那些细枝末节的举止，各种道德标准不是拿来约束别人的，而是用来约束自己。

还是那句话，愿你曾被这个世界温柔以待，也愿你温柔地对待每一个人。

## 太用力的人跑不远

采访进行到一半的时候，我眼前这个中年男人从桌上抽了一张纸巾，低声说："不好意思，每次说到小 X 的时候，我总忍不住想流泪。"

因为创业的关系，我每周有很长时间和众多实体行业的人打交道，主要跟他们聊聊天，探询他们为什么会选择从事实体行业，以及在经营过程中遇到的一些问题等。

此时坐在我面前的是我的前同事。前段时间我在朋友圈问，谁谁的朋友们有没有离职之后去开店的啊？于是我就收到了很多前同事的留言，其中就包括今天采访的这间茶馆的老板。

因为一些变故，去年他从公司离职了，在家附近开了这家茶馆，做了自己一直想做的事。我说起这些的时候，你的脑海里可能会浮现"情怀""梦想""抱负"这样虚妄到漫无边际的词，但如果你没见过他身上开过刀的疤和被针扎过的窟窿，那么最好不要先入为主地下此判断。

他口中的小 X，曾是他的下属，以实习生的身份进入公司。

"她就像一个小孩子，你看着她一点一点成长，然后在某个时刻，突然就没了。"

我完全没想到大哥会跟我讲这些，只能傻傻地愣在那里。可能是受到前几天前同事猝死消息的影响，有那么几秒钟，我觉得自己就像个傻瓜，我宁可你告诉我你身体强健血仍未冷，还有一腔愿望想要实现，所以选择从互联网行业杀进实体行业，想创造出更多的可能性，我也不要看你手上的疤，我承受不来。

可实际情况就是这样。

在你看这些文字的时候，也许就是此时此刻，有人正被病痛缠身，有人刚闭上眼睛。而你正在阅读，呼吸均匀，意识清醒。

我这样说，或许会让你产生一种恐惧的压迫感，你会不会下意识地珍惜今天？或许你会在网上给自己买下心仪已久的衣服，给自己的家人做一顿晚餐，不再为一点点小的事情就气得肝颤，不再熬夜无休止地刷朋友圈。

反正你会庆幸这一刻，即使贫穷，但能听着风声也是好的。

1

前几天有一段视频在朋友圈疯传："马云和他永远的少年阿里"。开篇就引用了金庸的经典台词：我走过山的时候不说话，我路过海的时候不说话。配合着音乐，画面定格在 2014 年阿里赴美 IPO。

看完之后热血沸腾，感觉身体有电流通过，即使宇宙浩瀚无边，人生渺小虚无，也要在坠落之前划下最闪的光。

但总觉得有什么地方不对。

你有没有想过一个问题：**如果活得太用力，是否会过分地消耗自己？**

2

我们已经看了太多鸡汤和成功学，每一条都在告诉你如何通往成功和发家致富，变成人生赢家。

他们说："成功者，做别人不愿意做的事情、别人不敢做的事情、做不到的事情。"

他们说："成功的秘诀是努力，所有的第一名都是练出来的。HARDWORK！"

他们说："要在这个世界获得成功，就必须坚持到底；剑至死都不能离手。"

他们说得都对。但是人生是不是只有成功一条出路？
究竟该如何定义成功？
是谁赋予成功这些俗世的标准？
我有没有权利追求不成功的生活？
一种简简单单普普通通的生活。

如果把生活比作航海，有人的生活就像坐在一艘豪华游轮上，有顶级套房和美女，还有喝不完的美酒，但也有人就仿佛生活在一艘逐流的小船上，每天风吹日晒，还要随时担心船有被打翻的风险。

**所有的人都努力拼命地想从小船挤升到游轮，那么有没有人也在追求小船的自由，并愿意为之承担所有的风险和不确定性？**

3

我知道，我都知道。你所有的焦虑都来源于不确定自己到底能不能独立于世。

我想说，只要你身体健康，头脑灵活，无论怎样你都可以活得很好。这几年我工作的时候，认识了很多别人眼里都很幸福的人，并不富有，但每一天都活得让人羡慕。

有的朋友人生恰逢志得意满，在机会都摆在他们面前时，你认为他们会好好拼一把的时候，他们却突然就转身离开，选择去过一种反向的生活。

在微博上我有这样一个朋友。大概是八九年前，我们共同认识的一个人说我们的性格挺像的，可以认识一下。那时我俩都刚从之前的公司离职，都准备出去走走。

后来我出去转了一圈就乖乖滚回了杭州，重新开始一份新的工作。倒是他在微博上发布了八年的环球旅行日记，我翻看他的 timeline 才发现这些年他始终在满世界奔跑。

他在地图上打过标的很多地名，我甚至连听都没有听说过。

4

我的收藏夹里一直收藏着一篇休闲璐的文章，去年夏天写的，名字叫《泰山崩于前，你瞟一眼》。我非常喜欢这个标题。

她说，慢下来生活，是梳理自己的过程，是对自己的一种平衡。

现在的社会从来不缺机遇，人们眼前都有各种各样的机会。如果有人告诉你这条路可以通往成功，所有人都会拼尽全力走一走，但是有些人就是慢热，体力跟不上，那么停下来让自己休息一下也未尝不是一个好的选择。

我们旅行，我们瑜伽，我们健身，我们做许多让我们专注入神、暂时忘却生活和工作压力的事。这专注有缓慢行进的力量，我现在还说不清楚它的意义，但我确定它非常有意义。

　　也许这意义并不在此刻闪现，但是时间如白马，一晃许多年，若有天泰山崩于前，我希望你能瞟一眼。

　　请记住：太用力的人跑不远。

Part. 02

如果你受够了
一成不变的生活

Don't

Show

Off

Anymore!

## 很多人是活给别人看的

朋友最近花了 40 万买了一款新车，从宁波开车到杭州找我玩。"你把你家的地址发给我，我到你们小区接你，我们一起去山里嗨一下。"他说。

我是到了小区门口看到那台闪亮的 BMW，才知道他换了新车。去年的这个时候，我去宁波他开的还是 POLO。我说："我靠，你发财了啊，都换上宝马了。"他嘿嘿一笑。

路上他跟我介绍这款车，8 速自动变速箱、一键启动、哈曼卡顿音响什么的，并逐一给我展示这款车的操控性能和舒适性能，我感觉边上就像坐了一个宝马 4S 店的销售，笑着说，行了，知道你买宝马了，下一个话题。

他有点不好意思，说其实自己并不是很想买这辆车，因为他喜欢越野，喜欢自驾，对他来说，最原始最纯粹的越野 SUV 才是他的最爱。

他一边讲着过去和朋友去草原去沙漠自驾的经历，一边感叹要是有一天有钱了一定要买陆地巡洋舰，眼里全是光芒，我看他那么热情地谈论着自己喜欢的事情，弱弱地说，如果我是你的话，肯定就买帕杰罗，或者丰田霸道了。

他说他也挣扎了很久，后来还是决定买一辆宝马，原因你懂的。我就想起了北野武的故事。

北野武在没出名之前，梦想有一天有了钱一定要开跑车，吃高档餐厅。但真正功成名就的时候，他发现开保时捷的感觉并没有那么好，因为"看不到自己开保时捷的样子"，他就让朋友开，自己打个出租车，在后面跟着，还对出租司机说："看，那是我的车。"

你有没有觉得，**很多人的生活是给别人看的。因为我们太在意从别人那里得到的评价，有时候甚至会扭曲自己内心真实的想法。**

1

我在北京时有这么一个室友，所有的钱，必须花在别人看得见的地方。

买的衣服，几乎都是名牌，每件衣服的前胸和后背必须露有大大的LOGO，让人在一公里之外就能看见，即使是雾霾天也非常醒目；

喜欢电子产品，只要是什么科技公司又更新了什么产品，不管用不用得上，必须第一时间入手一台，并上传到朋友圈；

喜欢聚餐，吃的必须是上等的馆子，哪怕这个月的生活费已经不够用；

尤其是送礼，就是杀了自己，也得有那个气派才行。

我跟他开玩笑："你这种感觉就好像去星巴克喝咖啡，要是不拍个照发个朋友圈，那你这杯咖啡算是白喝了。"

2

在英剧《黑镜》的第一集《急转直下》中，女主人公曾特别真实并惊悚地描写过"活在别人用分数给你定义的人生中"这种场景。

哪怕是一件特别微不足道的小事,或者遇见了特别讨厌的人,都要小心翼翼地应付,以此博取别人的喜欢,生怕自己做错了什么,别人就不喜欢自己给自己打差评。

电影里有一个小的细节让我印象深刻。

女主人公 Lacie 早上去买咖啡,她先咬了一口饼干,露出一副非常难吃的表情,但她还是把饼干放在咖啡边上,拍了一张岁月静好的照片,然后上传到社交网络。

对她来说,别人对她的评价远远高于饼干和咖啡本身。身处于一个打分的世界,每个人都在刻意粉饰自己的生活,仿佛只有这样,才能弥补自己在别人眼中的某种缺陷。

3

活给别人看,给我们生活最大的影响是嫉妒和比较,然后迷失自己。

曾经有个读者跑来跟我哭诉,说女朋友嫌弃他穷,要跟他分手,问我怎么办。我说,那就一别两宽,各生欢喜,从此天高水长,祝你幸福。

他咬牙切齿地说:"不行,我一定要证明给她看,她放弃我,是她这辈子最大的遗憾,我一定要飞黄腾达,然后找一个更好的老婆,然后去见她,让她后悔。"

接着我给他讲了一个很久之前看过的故事。

一对曾经彼此深爱的恋人,因为男人要去大城市打拼,想带着女人一起走,但是女人想留在小城市过稳定的生活,最终分手。男人功成名就后回到女人的城市想证明给女人看,想让她后悔曾经的选择,可是女人却也生活得很幸福。

4

有时候会想，我们是不是因为太高估自己，才会太在意别人的眼光。

就好像某网友写的段子：非常害怕被别人拍照。非常。尤其可怕的是，有时不幸被拍到后，自己看着照片哀嚎，这也太可怕了，我为什么被拍成这样，我不相信我长这样。然后别人看一眼，不以为意地说，还好吧，你平常就长这样啊。天啊，世界崩塌的一刻。

我曾在朋友圈发过一张自拍，把帽衫上的两根绳子插进鼻孔里，并配了一段话说：我终于知道了这两根绳子的用途。

很多朋友在留言："你好歹也有一些粉丝，要注意形象啊。"还有的说："看了你的这张照片，我决定取关了。"

谢天谢地。

在不伤风败俗的情况下，我真的不太在意别人怎么看我，用王家卫的话说，我只是不想别人比我过得更开心而已。

5

有句话说，一个人越成熟，越不用在别人的眼光中过活。

就好像著名的苏格兰民谣唱的：去爱吧，如同从来没有受过伤害一样；跳舞吧，像没有人欣赏一样；唱歌吧，像没有任何人聆听一样。

千万不要用偏离自己的真正意图来换来别人的认同，那样不值得，也不会真正地快乐。

**没有一条道路是通往快乐的，因为快乐本身就是道路。**

在朋友圈如此密切连接我们生活的今天,一个普遍的观察结论是——大家的思维越来越以自我为中心,哪有人真的在意你的想法和行为。**没有人瞧不起你,因为大家都这么忙,根本没人瞧你。**

## 我爱你北京，再见

今天是我在北京的最后一天。晚上出发去曼谷，然后回杭州。我在北京待了八年，从上大学开始到第一份工作结束。

晚上收拾行李，整理房间。八年间看过的书，满满当当装了八个箱子，已经全部托运回杭州。剩下的还有一些零零碎碎也打包进了七个大纸盒。想起当年背着行囊坐上火车时满怀的憧憬，如今被我塞进一个个大纸盒，然后打包回去，觉得有点可笑又有点难过。

那天下午，我跟 Claire 说，我离职了，打算回杭州。

她说，社长，不要走！！！！！五个字，啪啪啪啪啪一堆感叹号。

我说，人会因为一份很有前途的工作，或者一个心爱的人留在一个城市，但是北京于我而言，已经失去了继续留下来的理由。

北京是一个什么样的地方？

有人说北京是一个三十岁结婚都不嫌晚的地方，是一个你在大马路上大吼一声却无人理睬的地方，是你时刻都会受伤却要时刻假装坚强的地方，是很多已婚的人把自己留下把孩子送回老家的地方，是你早上拿着鸡蛋灌饼追赶公交车的地方，是一个不交社保就不能买车买房的地方……

对我来说，北京是一个让我看不到尽头的地方。

我在北京上学四年，工作四年，工作稳定充实，朋友也交了不少，但是在生活的大部分空间里我都感到窒息。比如你穿越大半个城市去找朋友吃饭，一来一回要花上半天的时间，而吃饭只花了一小时，如果你要同时找五个朋友吃饭，永远都不可能聚齐；比如你喝水的时候，要先吹一吹上面漂浮着的不知名颗粒；再比如很多你经常去的地方，一夜之间就会被拆毁，仿佛你转个身的时间，曾经熟悉的东西都会改变……

对此，大家都已经习惯。

城市要发展，就必须做出这样的改变，而生活在城市中的人们为了适应生活，必须强迫自己接受这样的改变。

可是城市的繁华，并不代表生活在这个城市的人们有多富裕。

我不觉得靠着我这一份外人看来还不错的工作可以在北京安身立命。女生想找有房有车的男人，已经不是什么不好意思说出来的话了。北京的房价什么概念？你看看吧，先不说我们公司对面的华清嘉园十万一平米，我有一些朋友在立水桥和清河一带买了房子，现在也差不多是六七万的水平。

在北京生活可以不问房价，不在乎物质吗？

去那些人多的场合和聚会听听吧？所有人都在讨论这里的房价，那里的房租，一个月赚多少，有没有加班费。如果你说你不关心房价，对物质也无所谓，OK，那你就会被大家认为很另类，你是在装逼，或者，你就是一个穷逼！

有一次我跟姚老师在微信上聊天，她问我，你知道为什么我总爱去国外旅游吗？我说你有钱然后闲的。她说不是，其实是因为在北京生活太孤独，所有的朋友聚会到最后都会沦为房价和育儿讨论会，让她觉得想逃离。

北京就是这样一个繁华的、拥挤的、让人时刻想逃离的城市，在这里生活，很容易上气不接下气，每个人都拖着自己行走，每个人都不快乐，有人愁工作，有人愁生活，穷人没钱愁，富人为情愁。

朋友小岚说，她觉得在北京坐地铁的时候，是一个人最没有尊严的时候，就像一具具遭人嫌弃的尸体一般，被人推搡过来，再推搡过去。一个个西装领带、光鲜靓丽的男女白领会因为一个座位，甚至一点点空间，变成菜市场的大妈，完全不顾及形象。在狭小的空间里，要面子就意味着要被挤到一边，站到腿脚麻木，心酸而又狼狈。

北京就是这样一个人人都可以有梦想但是又让你忘记尊严的城市，它打磨你所有的意志，当你撞得头破血流的时候，才发现自己真的不行。

可是即使如此，我爱北京。

相比于任何地方，我更爱北京，我在这里挥霍了八年的青春时光，我们去工体看演唱会，去簋街把自己灌醉，去麻雀瓦舍听民谣，去国家图书馆消磨时光。这里有听也听不完的讲座，看也看不完的话剧，有来自天南海北互不认识也能聊半天的哥们，有关心国家大事无所不知的出租车司机，还有很多很多可以互相取暖的朋友。

北京有太多难忘的回忆，有太多珍贵的友谊。

几天前的晚上我跟君哥说，我要走了。

君哥说，你走了，是不是就剩我一个外地的孩子了？

我说，你别说了，再说又要掉泪。

关掉电脑，那晚，一夜无觉。

**有时候我们做出决定，并非经过深思熟虑，只是突然间觉得像是听到了某种召唤，让你去过另一种新的生活。**这种生活并不一定充满戏剧性，但是你很好奇，脚下的这条路究竟会通向何方。

我不确定回杭州之后一定会活得比现在好，但是我愿为这个可能进行一切尝试。

最后，要谢谢很多人，陪我度过这八年。

谢谢前领导、前同事，谢谢各位大哥大姐的照顾与包容，谢谢"路边社"的全体成员，谢谢房东，谢谢楼上楼下的大哥大姐，谢谢房东家的小狗妞妞。

也谢谢所有见过面的陌生人，鞠躬！

我爱你们，我爱北京，再见。

## 我在阿里的最后一天

2016 年 8 月 31 号，是我在阿里的最后一天。

早上去公司归还了电脑和工牌，走出淘宝城大门的时候还是有些不开心。这曾经是我无比向往的一家公司，但是从今天起就要说再见了。我记得从我提出要离职的想法开始，老板就一直劝我留下来，不要着急做决定。我们进行了好几次深入谈论，关于工作，关于生活，关于未来。

但我还是想走，像一个不知好歹的孩子一样。

2013 年底我辞去了微软 MSN 的工作，离开了游荡八年的北京，回到杭州，我以为从此可以过上安逸的生活，找一份稳定的工作，做一个理想的小镇青年，有条不紊地活着，有时间到处走走，吹一吹山谷里的风，让明晃晃的太阳照耀我，以梦为马，生活在别处。

2014 年初兴起的创业潮和互联网风，吹遍各个城市的每一个角落。打开电脑首先进入眼帘的是哪家创业公司又融到了几亿美金，哪个公众号又招募了几百万会员，这边向我们走来的是 90 后创业者，那个蓝色方队是我们的自媒体联盟。

我忽然意识到这个时代有太多有才华的人涌现出来,风云际会,而我,不应该置身事外。

我选择来到了阿里。这是一家在伟大时代诞生的伟大公司,你在杭州的任何一个角落打车到淘宝城,司机都能带着一脸羡慕的表情跟你聊一路,从马云的发家史聊到爆款语录,聊从不知道哪儿道听途说的八卦消息到你的薪水待遇和婚恋情况。

它就像一座巨大的宫殿一样坐落在城市一隅,让所有的人都翘首瞻仰,试图进入,而江湖之中到处都是传说。

在阿里工作是一件幸运的事,这里聚集了无数有思想有才华的年轻人,你可以从每一个人的身上学到东西,尽管我们平时也会吐槽某个愚蠢的制度,某个可笑的高P,但游走在西溪园区的时候还是会有一种不可思议的感觉。

你会看到每个午夜依然灯火通明的大楼和活动的人影,看到清晨楼道里盖着被子面带倦容的脸。我们有时候会饿着肚子开一整天会,有时候也会为了一个小问题吵得面红耳赤,但是很少抱怨,每一个员工都像勤劳的蚂蚁一般,各司其职。阿里就像是一部庞大的工业机器有条不紊地运转着。

我承认在阿里工作是一种荣耀,它代表着各种光鲜亮丽的东西和世俗的标准,比如高等教育、BAT、中产阶级的体面生活。如果说在过去几年出国留学算是一种镀金的话,那么现在进入BAT真的算是一个好的跳板,身边有很多师弟师妹毕业之后来到阿里,都是希望有一天离开时可以有一个更好的出路。

得到一些,就得失去一些。有句话叫:欲戴皇冠,必承其重。

每天打车去公司的时候，出租车司机都会惊讶地问为什么这么晚才上班。我说因为你没看到我们几点下班。记得去年冬天，有段时间都是每天晚上 12 点才走，我跟师妹俩人吭哧吭哧弄一堆事情，有的项目做到一半就被 cut 掉了，有的项目因为战略一直调整一变再变，搞得我们很沮丧。我觉得大多数时候，人不是怕吃苦，而是你不知道你吃的苦有没有意义，最后会不会有结果。时间长了之后，就会怀疑自己的努力是否真的有价值。

高强度的工作不是最可怕的。过长的工作时间导致了私人生活的贫乏，而我们将这一缺憾变本加厉地转移到对物质的欲望方面来弥补。体面的工作、丰厚的薪水的诱惑是如此之大，以至于我们很难舍弃现有的生活，因而无法轻易离开这份工作。

我们越来越像一颗螺丝钉，把自己绷得紧紧的。

这可能不是我想要的生活，我跟自己说。

在生活中失去的那些东西，无法用工作弥补回来。谁都渴望一份稳定的薪水，一份体面的工作。外面的世界风高浪急，充满着未知。但是也总有人不愿意在确定无疑的生活中慢慢老去。你一定听过无脚鸟的故事，这种鸟没有脚，从出生起就开始飞翔，飞累了也只能在风中休息，它们一生只会落地一次，就是死亡的时候。

类似于无脚鸟的人活在这样一个瞬息万变的时代无疑是痛苦的，繁复和海量的信息冲击，生活方式和价值观的急速改变，让人在不断的变更中应接不暇，无所适从。**幸福指数更高的人是不关心社会变革的，只要安于现状和随波逐流即可，不需要太多的思考；而那些不愿意妥协，又无法找到与现实相处之道的人才活得小心翼翼，如履薄冰。**

集团有一次员工大会，主题叫作"我们的征程是星辰大海"，参加完之后热血沸腾，感觉身体有电流通过，即使宇宙浩瀚无边，人生渺小虚无，也要在坠落之前划下最闪的光。但是现在我却觉得，一个人如果活得太用力其实是在过分地消耗自己。当前的社会，从来不缺机遇，大多数人眼前都有各种各样的机会。如果有人告诉你这条路可以通往成功，所有人都会拼尽全力走一走，但是有些人就是慢热，体力跟不上，那么停下来让自己休息一下也未尝不是一个好的选择。

有时候也会想，如果人生真的就像一场电子游戏，玩坏了可以选择重来，生活会变成什么样子？可惜人生没有彩排，每一天都是现场直播。我不生产鸡汤，我只是马总的搬运工。

最后想对一起战斗过的小伙伴们说，你们的专业努力让我钦佩，还有领导的包容让我很感激。我曾过于自我，有时候也爱钻牛角尖，有些答应过你们的事不能继续做了，对不起。

赞美和歉意可能都来得太迟，但是真心地祝福你们。以后的双11不能和你们一起奋斗了，你们注意身体。

我先走了，我要像堂吉诃德一样，执起长矛，跨上战马，挑战风车去了。如果失败了，你们就当欣赏一场蹩脚的马术表演吧！

我们的征途是星辰大海，但是如果累了也别忘了让自己好好休息一下，吹吹山谷里的风，让明晃晃的太阳照耀自己。我们一定会在未来的某一个时刻再相见的！

爱你们的马勒！

## 断舍离：该扔掉的全他妈扔掉吧

不知道你有没有这样的感受，每次季节交替收拾屋子的时候，都会产生一种特别无奈的感觉：去年冬天买的衣服，朋友送的皮鞋，一时兴起买的玩具……明知道衣服再也不会穿了，玩具再也不会玩了，却总舍不得扔掉。

就像有一次下午，正当所有人都在参加杭州杯朋友圈雨后天空摄影大赛的时候，我正独自一人面对着房间里几个大箱子发愁。

虽然我骨子里的中华民族勤俭节约的美德一直在提醒我说不能浪费，但是后来一想，没用的东西就该及时扔掉啊，不然还等着明年给它们过清明节吗？

1

从小我们受到的教育就是要懂得节约。

父辈那一代物质并不富裕，生活条件也不是很好，所以什么东西都是缝缝补补、用了再用。一件衣服只要是还没穿出破洞，就不能扔掉，即使你再也不会穿了，也会被他们洗得干干净净，整理起来放在衣柜里。就担心你哪天没衣服穿了，还能翻出来再穿一下。

可能是因为穷怕了，所以心里总没有安全感。

**倒不是说贫穷本身有多么可怕，而是贫穷带来的短视，会让人变得狭隘。**

有时候我们买一个东西，首先看的并不是这个东西好不好、适不适合自己，而是这个东西的价格，做任何选择都跟价格套上关系。

2

日本的山下英子曾写过一本书叫《断舍离》，说的是现代家居整理方法，听上去像是一次大扫除，但是背后藏着高深的哲学理念。

断＝对于那些自己不需要的东西不买、不收；舍＝处理掉堆放在家里没用的东西；离＝远离物质的诱惑，放弃对物品的执着，让自己处于宽敞舒适、自由自在的空间。

翻译成人话就是：不要因为贪图便宜买一堆自己不需要的东西；不要因为舍不得就留一堆已经没有存在价值的东西；不要因为虚荣心太强而被物质奴役。

**当一个人持有的物品越少，越容易做出选择。**

3

没用的东西就应该及时扔掉，比如再也不会穿的衣服、没有前途的工作，不必要维系的感情。

这么多年，我们走了太多乱七八糟的路，吃了太多乱七八糟的饭，喝了太多乱七八糟的酒，交往了太多乱七八糟的人。

为了这些乱七八糟的关系，耗费了太多的精力。回过头看，很多其实毫无益处。

我们已经看了太多的成功学，心灵鸡汤，人脉、职场成功秘籍，无一例外都在教你去维系那些滑稽可笑的关系。

相比起一个人坐在家里看书睡觉的寂寞，我更害怕几个人坐在一起逼频不符，听他们吹牛逼扯淡到无话可说的孤独。

李笑来老师说，一个人的幸福程度，往往取决于他多大程度上可以脱离对外部世界的依附。

我觉得说得太对了，不喜欢的人，就不要勉强交往，不适合的工作，就不要勉强做，不适合的饭局，就不要因为碍于面子为难自己参加。

要么痛快，要么拜拜。

4

建筑师路德维希·密斯·凡德罗说过一句话：Less is more. 意思是"少即多"。

也就是大家常说的"简约而不简单"，物质越 less，意味着羁绊、阻碍越 less。在现实生活中，一切皆在"得失之间"，想要得到的东西越多，往往失去的也越多。

正所谓大象无形，大音希声，沉默是金，雄辩是银，说的都是这个意思。

5

当然，如果本来就什么都不曾拥有过的人，是没有什么资格断舍离的。就像一个家徒四壁的人，墙上挂一幅"淡泊名利"，你本来就什么都没有啊，就不要装出一副主动舍弃一切的样子了。

写到这里我才发现，断舍离是为那些物质生活太丰富而烦恼的人准备的，嗷了一声，我真的要昏过去了。

不过话说回来，不管贫穷还是富裕，把时间用在真正有价值的地方比什么都强，好的东西都值得花心思去经营。学会多说几个"去他妈的"，人生也没啥过不去的坎。

## 我被这对离开阿里的夫妻打动了!

闭月是我的前同事,我俩是在同一时间离开阿里的。今天她在自己的公众号上发了一篇题为《夫妻裸辞创业》的文章,竟让我有些被触动。

我跟闭月在阿里同属某大的事业部,但从来没说过话,互不认识。直到有一天老板说要介绍一个有意思的人给我,我才认识了闭月。那个时候我们都已经向公司递交了离职申请,手上的活不多,所以一有时间就凑到一起聊天,对她也就慢慢熟悉起来。

闭月进公司的时间要远远比我长,是名副其实的老员工。在阿里待的时间越久,意味着享受公司的红利就越多,所以对于她的离开,我一直表示疑惑,甚至几次三番想劝说她再考虑考虑。有一次我们站在六号楼的走廊上,我问她,为什么要走?她说,你的答案也是我的答案。那一刻我感觉自己就像是一个无耻的混蛋,自己走得那么决绝,却一直试图劝别人留下来。

闭月离职之后做了一个叫 iBetterMe 的产品,Slogan 叫遇见榜样,成为更好的自己。网站是由她老公盛先生搭的,盛先生是支付宝的程序员。

我一直说，太羡慕这样的组合了，一个是程序员，一个是产品经理，这样一结合，仿佛整个世界都在眼前慢慢展开了。

闭月还做了一个叫 iBetterMe 的微信公众号，她是这个账号的编辑、运营加美工。我常常嘲笑她说，你这标题太烂了，你的文章太没有爆点了。可是去年她竟然花了几万块钱，跑了好几趟周边的工厂，自己亲手设计，做了 1000 本手帐包邮送给 iBetterMe 的用户，我几度觉得她疯了。

她曾有好几次委婉又不好意思地问我，有没有兴趣一起做 iBetterMe，结果都被我打哈哈敷衍了过去。后来我们一起去梦想小镇参加活动，会议进行到一半的时候，我们偷偷溜出去喝咖啡，又聊了很多。

关于那天的谈话，很多内容我都忘记了，好像是聊到了在阿里的时光，目前创业的进展，以及对未来的一些展望。聊到最后，我们都觉得不够尽兴，不太想走。对了，在那个咖啡馆里，我第一次见到了盛先生，他陪闭月过来参会，闭月去忙，他在这边敲代码，一个非常随和憨厚的男人。

闭月公众号发的文章《夫妻裸辞创业》，就是盛先生所写，过几天他也将离开阿里，开始和闭月一起创业。闭月说她看到这篇文章的时候，一个人在路边哭得稀里哗啦，我猛然想起王小波写的《爱你就像爱生命》。

在文章的一开始，他配了一首老狼的《情人劫》，出自《北京的冬天》那张专辑。莫名其妙地，我想起离开北京时写下的那段告别的话：

有时候人们做出决定，并非经过深思熟虑，只是突然间觉得像是有一种召唤，让你去过一种新的生活。

**这个世界永远不缺按部就班的人，这个世界就缺那些敢于舍弃的勇者**，愿闭月和盛先生可以收获更多。

## 我的朋友搬进山里，过起半隐居生活

方老师是我认识多年的朋友，我们已经许久不曾联系。

前几天他突然在微信上找我，问我周末有没有时间去他那里做客，他在距离杭州市区三十多公里的深山老林里盖了一所大房子。

一开始我是拒绝的。因为最近一段时间我的状态就像是一棵被烈日晒蔫掉的小草，对任何事儿都失去了兴趣。

星座书上说，这个月对于天秤座来说将是一个非常难熬的月份，推掉不必要的社交，守住自己的私人时间。于是我便理直气壮地当起了废柴，心安理得颓丧了起来。

后来方老师又给我发来一大堆照片，"你要是有时间的话就来吧，你想带几个朋友过来也行，房间给你留着。"结果看完照片之后，我一口气连喊了八个我靠，我来我来我来！

不知道你身边有没有一个像方老师这样的朋友。他的存在总是让你不明白，你现在的努力和挣扎到底是为了什么？

每天无休无止地加班，在自己并不感兴趣的岗位上消磨热情，硬着头皮去见一些只是各取所需的人，究竟有没有意义？

1

我跟方老师认识大概有七八年时间了，当时我们一起去南疆参加某款汽车的自驾活动，从喀什出发一路开到红其拉甫边境。

那几年是我人生视野极大开阔的一段时光。因为工作的需要，时常奔跑于全国各地，参加各种发布会，入住当地最好的五星级酒店。

对于刚刚进入社会的年轻人来说，很容易就会被这样的生活方式迷惑，你觉得自己站在世界的前沿，什么都锤不了你。渐渐地你变得心安理得，你变得完全适应。

**你像其他都市人一样每天按时起床，穿过大半个城市去上班，为了在这里过上体面的生活而耗尽所有的力气。**

**你用世俗的标准去定义成功，开始在意自己的穿着打扮；你学会了在职场上附和他人，融入集体，你学会了在社会上生活的各种辗转腾挪的小技巧。当你误入了别人家的果园时，还以为自己收获了整个秋天。**

2

可能你也跟我一样有着这种强烈的感受，在瞬息万变的时代中总有一种无所适从的感觉。

不知道从什么时候开始，你我都变成了自认为有点小聪明的人。

有人说，这是浮躁。

如今，聪明人不是太少，而是太多。你去网上看看，你去朋友圈看看，所有人都在争相发表观点，渴望被注视，渴望被倾听，渴望被理解，就怕自己不说点什么就表现得不聪明会跟不上时代的潮流。

可能你已经不记得那些曾经下了很大的决心要坚持看的书，坚持跑的步，坚持学的吉他和心底那一点点的小美好。

慢慢地这些年，除了肉还在坚持长着之外，剩下的都已经不愿再提起了。

3

我不喜欢看电视，也不喜欢看报纸，现在也越来越讨厌微博和朋友圈，讨厌所有的鼓吹，讨厌所有的宣传。

生意人创造了一个个代表着"逼格"和"品位"的虚拟价值，让生活在这个社会中的人去追逐，让那些没有自我的人把追逐这样的价值当作活着的意义，让那些盲目的人以为拥有这些价值便会被周围人认同。

如果你还记得去年冬天刷爆整个朋友圈的终南山隐士，或许你会明白现在的人们对于闲适淡泊的日子是有多么渴望。

那个叫二冬的80后诗人，花了4000块钱在终南山租下一间老房子二十年，从此过上了"采菊东篱下，悠然见南山"的生活。

去年他出版了一本书叫《借山而居》，我很喜欢。那天去方老师家做客，在客厅发现了这本书，仿佛冥冥之中注定一般。

4

我曾经写过一篇《别在放荡的年纪谈修行》，在那文章中我曾讲述过一个观点：不是大富大贵的人，是没有资格谈淡泊名利的，因为淡泊名利的成本很高。

我从来都不太羡慕那些物质富足的人。

真正让我觉得闪光的，是那些明明可以过着众人羡慕的俗世生活，却选择远离尘嚣的人。他们没有把任何一个地方当作失败者的避难所，也不是一群遭遇无法解决的危机的苦逼选择了自我流放。

他们的存在，就是来给我们好好上了一课，告诉你人生应该向内求，而莫向外求。因为人最害怕的是面对自己，而不是面对别人。

5

朋友圈还曾广泛流传一篇讲述李孝利婚后的济州岛半隐居生活的文章。

她和丈夫一起收留了好多狗和猫，每天专注于自己的小日子，让生活回归于自然，整日白云缭绕，清风拂耳，发现平平淡淡才是生活中最美好的事情。

就像毛姆说的，满地都是六便士，我多么希望我们可以一起抬头看看月亮啊。

## 成年人的生活里没有容易二字

因为工作上需要,会经常和一些做实体行业的老板打交道,所以朋友圈偶尔会 PO 一些在各种餐厅吃饭的照片,由此招来很多不懂事的朋友的评论:哇!社长你又出去浪啦?又去吃好吃的啦?真的好羡慕你的工作哦。

我对这样的评论特别介意。一方面是因为感觉自己的工作不被真正了解,另一方面是觉得很多人都会选择性地忽视一些自己不太想认同的事实。

以至于我在写这篇文章的时候,总感觉自己像是一个人到中年的 loser 在外面受挫回到家拿孩子老婆出气一样。

事实上,我只是不喜欢在朋友圈晒辛苦和晒苦逼而已,但这并不意味着我活得不苦逼啊朋友们。就好比有一次我带着两个小朋友出去采访,吃到工伤喝到断肠,最后还碰到一个特别不配合的奇葩老板,分分钟让我想掀桌,最后打车回家都快十二点了。

杭州的夏天热得让人想纹身,夜晚躺在黑漆漆的草席上,有一种自己是只小笼包的感觉。

你说羡慕，我说羡慕你妈个大西瓜啊！你以为别人整天吃吃喝喝夜夜笙歌，但你不知道背后又有多少令人心碎的辛酸。你以为苍井空老师在摄影棚里笑对镜头真的是在享受人生吗？

1

有时候我会想，到底是从什么时候开始意识到自己是一个成年人的？

是第一次一个人背着书包去外地求学吗？还是第一次去实习拿到工资，感觉可以赚钱养活自己？抑或是路过红灯区终于有人跟我招手的时候？

后来想想其实都不是。

作为一个心智正常的成年人，成熟最明显的标志就是不再自己感动自己。

于宙在《我们这一代人的困惑》的演讲里说："大多数人看上去的努力和辛苦，不过是矫情导致的，整天在朋友圈晒什么熬夜到天亮、连续加班多久的，如果这些东西也值得夸耀，那么富士康流水线上任何一个人都比你努力。"

**只有那些没做出什么成绩的人，才会过分强调自己在过程中的艰辛。**

2

生活从来都不容易，每个人都一样。如果有那么一刻你觉得容易，肯定是有人在替你承担属于你的那份不易。

我见过很多自媒体大V，别人说起来的时候总是觉得高大上，粉丝众多，广告接到手软，但是为了一则文案、一条广告，要做大量的背景资料调查，反复修改文案，在跟客户确认之前不敢松一口大气。

我见过很多自由职业者，听上去是不是各种自由？但是为了维持自己喜欢的工作状态,一天二十四小时,要精确到每个小时做什么事情,只要有那么一刻懈怠了,之后的几天时间就必须加倍偿还。

在阿里上班的时候,一直流传着这样一句话:在杭州,半夜十二点以后打车回家的就只有两种人,一种是KTV小姐,另一种就是阿里人。

**我们总是很容易去仰慕那些头顶上有光环的人,却忽视他们也曾踩在泥里水里。**

3

所以你们能理解我每次翻看朋友圈的心情吗?感觉心灵受到了暴击。

"哎呀,我碰到的这个甲方好傻×啊,宝宝连续加班了24小时,最后又说不用了,天大的委屈,求安慰。"

"哎呀,我的老板也是个大傻×呀,上班上到一半被他喊过去给他接孩子,隔三岔五还要帮他搬东西。"

"失恋了好痛苦,只能和兄弟们喝酒买醉了。我不高贵,但不是每个女人都有机会。"

每次看到朋友圈有人矫情觉得自己的感受高他人一等的,我的脑海里就会自动浮现黑人问号脸,请问谁的生活不是这样呢?

**朋友,你承受的苦难并不比他人多太多,你的痛苦主要来自敏感和脆弱。**

4

想起曾经看过一部电影《天气预报员》。

尼古拉斯·凯奇饰演的戴维是名天气预报员,可是他不具备专业知识,所以当预报出错时，人们会在街上肆意向他丢垃圾。

戴维感到自己的生活灰暗：妻子要与他离婚，儿子迈克被戒毒时认识的辅导员性骚扰，女儿雪丽因肥胖被学校的同学耻笑，性格忧郁。更令戴维伤心的是，他的小说家父亲罗伯特患上了绝症。

在与父亲相处的最后时光中，戴维被传授了很多人生的道理：

父亲说："难做的事情和应该做的事情，往往是同一件事情。凡是有意义的事都不会容易，成年人的生活里没有容易二字。"

5

原谅我不会睁眼说瞎话，告诉你一切都会好的，付出总是有回报的，苦难都是有价值的。因为我们都知道并不是那样。

成年人的生活没有容易二字，也没有谁的人生注定一帆风顺，虽然这样的说法过于阿Q，但是当你生活得四面楚歌的时候，起码让你知道，其实自己并不特殊。

**关于生活，谁都不比谁容易。**

## 教养从来不是约束别人的

网络世界，怎么讲，看上去热热闹闹，但是每个电脑屏幕和手机屏幕上都印着一张张寂寞的脸，想要被看见，想要被倾听，所以哪怕是微不足道的事情都能在网上迅速掀起波澜，人人都争当话题大师。

值得庆幸或悲哀的是，由于热点太多，很多事情过去得也快。前几天大家还哭着喊着说《上瘾》看不了了，此刻又全身心投入为莱昂纳多喝彩的洪流之中，如果不扯着嗓子喊，仿佛转个身的瞬间就会被时代抛弃。

还有一个发现，我最近注意到，网上的热点事件好像跟潮流一样，会周而复始轮回。之前在网络上轰轰烈烈讨论过的事件，过几个月再翻出来又能刺激大家的G点，让人嗷嗷的，比如去年讨论的教养问题。

事情的起因是，有一个小伙发了一个微博，指责两个姑娘蹲在地铁站内的地上，说这是没教养的表现。

一开始网友力挺楼主，说女孩子就是要有女孩的样子，不应该在外边蹲着，后来很多段子手和公知也参与到该话题中，指出楼主大惊小怪，接着风向开始转变，大家纷纷指责发照片的人才是没教养。

说实话，我挺怕"教养"这个词，它太过于沉重，而且还牵扯到家庭教育、文化水平和道德水准上，你说谁没教养就仿佛顺带着把对方的家长也一块儿骂了。从照片上来看，这两个姑娘蹲在那里的确有点不雅观，你可以说她们素质不高，或者不懂礼貌，但是绝不至于上升到"教养"的高度。

去年有一回我去方老师的客栈，位于杭州郊区径山脚下的一个民宿，定位还是比较高端的。那天我问方老师，过来住宿的客人都是什么样的。他说什么样的人都有，但是有两种人他印象最深刻。

第一种，客人离店之前会主动整理房间，尽量把房间里的东西恢复原位，被子铺好，垃圾整理起来都丢进垃圾桶。所以当阿姨去打扫房间的时候也会夸赞客人素质很高。

第二种，客人退房之后，阿姨进去打扫房间的时候都会头疼，他们会用白床单擦皮鞋，上面都是脚印，在房间里抽烟（明确告知不能抽烟），有时候还会顺走没有用过的拖鞋、洗发水、沐浴露，甚至打破了杯子也不告诉你。

很多时候都是客人走了之后才发现这些，后来想想都是小事也就算了。但是你会发现生活中人们对于一个人的印象和评价大都来自这些细枝末节的小事。而且第一种客人和第二种客人在跟人交流的时候，根本无法看出区别。

你无法从一个人的面相或者交流时的表现评判他是不是有教养，因为看得见的教养很容易表现。迫于周边环境压力，一般人只要稍微有点自知之明，都不会做出一些特别 low 的事情，比如在电梯里抽烟、随地吐痰、乱扔垃圾。

难的是那些看不见的教养。没有人注意你的时候，是否还会按照一定的道德标准约束自己，还是说算了吧就做一次。有一个词叫"君子慎独"，说的就是这个意思，越是没有人在的时候，越要检点自己。

所有你不齿的事情，绝对不要做；那些狗仗人势的事情，不要做；那些会给别人添麻烦的事情，不要做。

多做一些既能给别人减轻点负担，又是自己顺带手的事儿：比如吃完肯德基和麦当劳之后把餐盘清理一下放好；坐飞机的时候，吃完机餐把餐盒整理干净；坐地铁的时候，等别人下车了再上去。

虽然没人要求你这么做，但是这样"看上去没有好处"的事情更容易体现一个人的素质和教养，这不是作秀，也不是装逼，有素质的人都是这样完善自己，要求自己做得更好。

**教养两个字从来就不是约束别人的，那些口口声声自命有教养而对别人苛求的人，在我看来才是最欠教养的，** 你们说呢？

## 丰富，以及丰富的痛苦

"就把我们囚进现在，啊上帝！你给我们丰富，和丰富的痛苦。"

当我读到那些关于"北上广 vs 三线小城市"的激烈讨论时，我想到的就是穆旦的这句诗。作为一名曾经的逃兵，我既不后悔曾经怀着一点小小的理想前往北上广，也不后悔转战三线小城的决定。我曾利用过上帝赐予我的"丰富"，最近却承受不住"丰富的痛苦"。

长辈们为我不值，认为如果我不去北上广，就不会有这么多曲折，也许就会成为那个传说中"别人家的孩子"，然后借着我去祸害其他小朋友，但想不到现在我却逐渐变成知识越多越反动的反面教材。你看《三国》能赚钱吗？读马尔克斯能赚钱吗？难不成你想找个一起学习群体心理学的姑娘？

"书中自有黄金屋"是个骗局，"书中自有颜如玉"终是虚妄，带着功利心看书的人总会意识到这一点。但看书如果不能让人赚钱，又有什么作用？

小城市中这么多开着法拉利出入豪华酒店的人，他们会去关心辛亥年为什么会革命吗？他们的钱跟读书有一毛钱的关系吗？别人的尊敬是因为金钱和权力，这是冷冰冰的社会现实。

我不想认同这个价值观，我是一个"异端分子"，但我没有办法消除金钱带来的沉重的压力。在三线小城，同一价值观带来的压力远比在北上广来得强烈，从这个意义上说，在小城生活，意味着"贫乏"。

而在北上广，无论是一个怎样的"异端分子"，都可以找到同道中人，认同你的人，让你暂时抛下现实的压力，获得精神上的重生。这里有各式各样的程序猿、工程狮、码字狗，有小清新小文艺，说不定还能遇上资深AV研究员。三百六十行，行行出牛人。

你走在西单长安街，在外滩人民广场，在天河体育中心，甚至在唐家岭那样的屌丝聚集地，都会有一种幻觉，你站在了时代的前沿，你的眼界是开阔的，认识是深刻的，你看到世界的"丰富"就在眼前展开，就像小时候第一次看露天电影时的感觉，就像奥雷里亚诺第一次看到吉卜赛人的冰块。

这是一种魔法。

但魔法终究是魔法，魔法不会凭空变出毛爷爷，而毛爷爷是这个社会的唯一通行证。你想做个不为金钱所累的高尚者，这样的理想你父母知道吗？你老婆孩子知道吗？金钱的压力无所不在，痛苦也无处不在。

我们这个社会把人们分为两类，有钱的成功人士和没钱的屌丝，只有不到十分之一的人会成为成功人士，北上广只欢迎这些人；至于剩下的屌丝，大家首先会问："你为什么不成功？"即便发问的人自己也是个屌丝。对比那些日进斗金的牛人，我确实是个 loser，所以愿赌服输清盘出局也没什么话好说。

既然压力无法避开，就回到最初那个讨论：去北上广还是留在三线小城？我的意见是，敢于见识"丰富"而且能够承担"痛苦"的人，自然可以去北上广，但对于那些对世界充满好奇心的年轻心灵，这不是一个可以理性分析的命题。

所有的快与不快都放在那里，让自己静听内心的声音：我是不是该去尝试？我是不是遇见了一个"对"的地方？

**当你觉得你轻易放弃一定会后悔的时候，那就勇敢地去做吧，并且勇于承受痛苦。**

不管在哪个地方，总是觉得"众人皆醉我独醒"的聪明人一定是要遭殃的，生存的主旋律永远是：赚钱，赚钱，根本停不下来地赚钱。但是，我是说但是，我希望自己在生活上符合主旋律的同时，也能在精神上保持一个"异端分子"的身份，即便这样的分裂会带来别的痛苦。

开头那句诗出自穆旦的《出发》，最后两段是这样的：

给我们善感的心灵又要它歌唱
僵硬的声音。个人的哀喜
被大量制造又该被蔑视
被否定，被僵化，是人生的意义；
在你的计划里有毒害的一环，

就把我们囚进现在，呵上帝！
在犬牙的甬道中让我们反复
行进，让我们相信你句句的紊乱
是一个真理。而我们是皈依的，
你给我们丰富，和丰富的痛苦。

Part. 03

Don't

Show

Off

Anymore!

你是不是也和他们一样

## 如果你也即将 30 岁,但是看上去一事无成

社长,你好:

无意中发现你的公众号以及树洞,所以给你写了下面这封邮件:

我叫 lvxing,大学毕业快一年了,材料类专业,属于比较理论的那种。一年内,我换了两份工作,都是制造类的小企业,工作比较累,绝大多数都是体力活,休息少加班多,一个人的时候挺惆怅的,白天上班,晚上一个人搭公交回住处。

我的老家在西北农村,我一个人在南方,我是个比较敏感的人,顾虑很多,为此错过好多机会,事业的感情的,如今我已经24岁,却依然一事无成。感觉很不孝,虽然父母身体还算健康,但是心里觉得很对不起他们。

十月由于工作长期的疲惫,感觉目前的工作再干下去也不会有太大收获,于是辞职回学校准备考研,时间比较紧迫,长时间的焦虑和心理压力导致现在状态很不好,最近还掉头发!我很迷茫,不知道自己应该做点什么,感觉完全没有办法掌控自己,心理问题很严重,我不知该何去何从。

lvxing 小朋友：

你好哇！

材料学的专业课程有趣吗？学校里的女孩子多不多，长得正不正？工科类院校的女同学应该是大家争抢的对象吧？我北理工的同事告诉我，他们在上大学的时候，最愉快的时刻是在夏天傍晚，远远地站在澡堂门口，看女同学穿着裙子抱着脸盆经过，不知道你们现在的大学时光是怎样的？

西北我去过，那里真的太棒了！有一年我们开车从北京出发，经过了陕西、甘肃、青海、宁夏，最后一直开到了南疆，遇见了沙漠、湖泊、雪山和戈壁滩。不知道你最近有没有回西北，这个季节应该是那边最好的时候，胡杨林的叶子应该都黄了，水果也都成熟了，还有肉夹馍、牛肉面和手抓饭，啊！现在想起来，我还能为当时的旅行脸红心跳呢。

你平时喜欢听民谣吗？我喜欢的很多独立音乐人都来自西北，比如张玮玮、野孩子、赵已然、苏阳……我曾经有一段非常迷恋民谣的青涩时光，他们说因为大多民谣歌者都穷且理想，跟我很搭。西北除了民谣以外，还有几个我非常喜欢的作家，写阿勒泰的小娟，写《一个人的村庄》的刘亮程，当然还有我非常崇拜的知乎大神程浩，他们都来自新疆。

lvxing，不知道为什么，当我收到你这封邮件的时候，就特别想跟你聊聊程浩。他自1993年出生后便没有下地走过路，医生曾断定他活不过五岁，即使如此，他活得比绝大多数人都要牛逼。2013年8月21日，20岁的程浩在边疆的小城猝然而逝，匆匆结束了自己的一生。

他在知乎上回答"你觉得自己牛逼在哪儿"时曾说，"真正牛逼的，不是那些可以拿来随口夸耀的事迹，而是那些在困境中依然保持微笑的凡人。小时候，我忍受着身体的痛苦。长大后，我体会过内心的煎熬。有时候，我也忍不住想问：'为什么上帝要选择我来承受这一切呢？'可是没有人能够给予我一个回答。我只能说，**不幸和幸运一样，都需要有人去承担。**命运嘛，休论公道！"

在他去世之后，他的母亲整理出来 44 万字，出了一本书叫《站在两个世界的边缘》，都是他在生命最后两三年用键盘一下一下敲出来的。两个世界，天堂、地狱，那么形象。你如果有兴趣的话，可以买来读一读。

跟他相比，是不是觉得自己活得太草率了？如果你觉得这是一个励志的故事，我给你的是一碗鸡汤，那你恰恰错了。正如他自己说的："励志这个词，很大程度上被人糟蹋了。"

如果程浩 20 年的人生只为了"励志"，励他妈的志，有给你们励志的劲儿，他可以全国巡回演讲，告诉你们："像我这样都可以活得很好，你们更不在话下了。"让你们哭一场，抱一抱他，回去改变个两天，第三天就恢复到老样子。

说起在知乎上我比较佩服的人，除了程浩之外，还有一个叫余亦多，他也离开了这个世界，生于 1981 年，是知乎的第 16 号用户。相比程浩的命途多舛，余亦多生来就是属于金字塔顶尖的人。

他有一篇文章流传甚广——《如果兔子都在拼命奔跑，乌龟该怎么办？》，写的是：这个世界上永远存在一些比你牛的人，无论什么方面。如果把人生比作攀登，也许你穷其一生才可以达到一定的高度，但对某些人来说珠峰都不成问题。如果你是乌龟，当你明知道爬不到最顶端的时候，你攀爬的动力和意义是什么？

如果你是个绝对的蠢蛋，那我只能说，请你尽量少地认识这个世界，最好一辈子不要离开你生活的地方,有时候知道得越多,越痛苦。当你看到那么繁华的城市,那么美丽的女孩,那么高端大气上档次的生活都与你无关的时候,更多的痛苦便会袭来。

lvxing,如果真的是以这种平庸的方式度过一生,你会甘心吗?

昨天晚上有两个朋友找我吃饭,他们是杭州一家互联网公司的创业者,专门做旅行的,一共有五个1990年左右的年轻人,大学刚毕业,凭着一股傻劲就一直做到现在,没有任何BAT背景,也没有任何人有光鲜的教育背景,现在天使融了几千万,日活用户过了百万。

最穷的时候是五个人一天吃两碗泡面,最尴尬的一次是五个人临时决定搭车去徽杭古道,最后搭了一辆拖拉机被放在了高速路口,五个人挤着一顶帐篷过了一夜。

他们也受到过大家的质疑,爸妈的不理解和朋友同学的嘲讽,但是他们活下来了,而且活得很好。

他们谈论起过去的艰苦创业时光,脸上是那么云淡风轻,真的让人心生羡慕嫉妒。我比较不喜欢的一种状态是自己感动自己,有一点点小的挫折就把它无限放大,然后自暴自弃,故作姿态。

人生几十年,没有你想象的那么长,有时一不留神就这么蹉跎过去了。都会有迷茫的时候,也总有不甘心的时候,**不是每个人在人生中都能幸运地遇到导师,你需要自己鼓起勇气,在每个无尽的夜里照顾好自己。**

过去二十多年,我们已经为琐碎的事情耗费了太多的精力,已经为"活着"付出了太多的代价,也许终其一生也未必能明白活着的意义,但是我们能做的,就是在这条路上走得更远,不要回头。

lvxing,不是每一个像科比一样的天才,都知道洛杉矶凌晨四点的样子。

勤奋，可能是这个世界上最常被高估的美德。但是对于一个毫无天赋的人来讲，可以依仗的就只有勤奋了。

孤独的穷孩子，总是要比别人多蜕一层皮。

今天的这篇回答送给你，也同样送给我自己。今天是我，一个即将30岁的老男孩的生日。

# 写给人群中"不同"的你

社长,下午好:

　　真的很想说说这么多年经历的事情,但我不敢对周围的人说,谢谢你愿意倾听。

　　我二十岁了,性别女,十三岁那年喜欢了自己的好朋友,另一个女孩子。这么多年,我根本不知道什么叫恋爱。我的所有青春都陷在对她的单恋之中。不敢告白,我的城市太小了,小到一旦我说了,就会被其他人知道,一传十十传百,传变了味,其他人在背后的猜疑和议论可以把人淹死。我是不怕的,但我怕她也被人议论。我不能那么自私地不顾一切。也尝试过和对我示好的男孩子做朋友甚至交往,他们很好,只是我的一颗心从来没办法接受他们,所以全都没有结果。

　　我想也许是我太过于理想化,是我太不切实际了。但我经常在午夜梦回的时候问自己,人只活一次,为什么要委曲求全要将就呢?不想像父母一样,相亲认识,凑合着过一辈子。妈妈对我说得最多的一句话就是:要不是为了照顾你,照顾你的想法,我早就和你爸离婚了。真的很崩溃。仿佛是我毁了她的一辈子，她因为我的拖累这辈子就没有幸福过。但那并不是我的本意啊。虽然很多时候听她说这些我很不耐烦，可她生下了我，带给我生命，让我有机会看这个世界，我心里还是很感激她。

2013年我因为吃了上百个去痛片被送去医院。那时候我刚刚高二开学，不是任性想要怎样，我是真的累了。不想再应对这一切。我经历的事已经脱离了我的能力控制范围。所有的一切我都不想再去考虑了。

初二的时候割腕，没死成。那是因为我发现自己竟然喜欢一个同性。觉得恐惧，孤独，罪恶。是的，罪恶。我每天晚上都失眠，疯狂地嫉妒所有和她说话的人，甚至无数次想要不顾一切地强奸那个女孩子。但我知道那是不对的，时间一久，所有的思想都发酵。我不可能去伤害任何人，我只能选择自己离开。现在回头看看，我也没有对自杀的事情后悔，也从不指望当年那个13岁的小女孩能有多么坚强来面对这种认知。

从小到大，每个月都要去医院打针。手上都是针眼留下的疤。永远都在感冒，永远都扁桃体发炎。心脏病，支气管炎，哮喘，因为吃太多药肝功能损伤，双侧肾脏有囊肿。看过很多中医，只说慢慢调理，喝过很多很多很多汤药，从不觉得有效。

对于我来说活着太累。还连累花钱给我看病的父母。

我知道，社会上那么多人，经历了那么多苦难，他们都坚强地活着，我这点事儿根本不算什么。

是，坚强的人我羡慕他们。但我永远做不到那么坚强。

每个人生来就是有差别的，有的人心思细腻敏感，有的人坚强勇敢乐观。这些区别是存在的。

我休学一年，现在复读了高三。每天在学校15个小时。加上长久地失眠，每天只有三个小时左右能够睡得着，心脏病复发了。打针吃药，没完没了。我抱怨几句累，被妈妈骂没出息。可是对我来说何止是累而已，可我不能让妈妈失望，勉强撑着。她一直在期盼我能考一个大学让她有点面子。也说努力考个好大学也是为了我自己好。道理我都懂，但我也知道，好大学于我而言又能怎样？我的心理问题一天不解决，我就没有活下去的必要。

我也想了很多，其实她也是爱我的吧，只是，她的爱，更多的还是爱在了她自己身上。在学校偶尔也能带给我一些活着的感觉，但没什么用。我的情绪一天天地低落。

抑郁的情况反复发作，甚至开始长时间地幻听和耳鸣。

不知哪一天我就又会做什么所谓的傻事，但请你相信我，那是我深思熟虑后做出的事，那对我来说，是种解脱。请为我感到高兴。更何况，社会也不需要我这种不能创造价值还经常给别人添麻烦的人。

谢谢你看完我的信，说出来感觉好些了。

---

远方的陌生人，你好。

你的来信，我昨天就收到了，但是一直没有回复，不知道该如何下笔。

从昨天下午到现在，我一直在构思，想着如何把回信写得更动人一些，更深情一些，怎么开始，如何结束。于是我抱着电脑在咖啡厅里坐了一下午，然而还是没写出几个字来。

一直以来，大部分人写东西的时候，都装作自己很文学或读过很多书的样子，装作很善良，装作很有情怀，所以难免陷入一种套路化的模式。后来我想，要是有一种东西，能够超越文字本身，那一定就是真诚。

所以现在我又重新打开了电脑，可能会絮絮叨叨，但是放心，这不是说教，也不是站在任何人的立场和高度谈道德或者孝道。

1

今年我三十（虚岁），算起来长你十岁，应该还谈不上叫叔叔，我也不习惯别人叫我哥，所以你还是叫我社长。

我在想十年前的现在，我在干什么？可能跟大部分的年轻孩子一样，在积极准备高考，或者刚刚升学进入大学时光。

我不知道别人有没有经历过特别孤独和无助的时刻，对什么都不感兴趣，对明天也没有任何期盼，失落，沉默，对任何接近的人避而不理，对关心自己的人冷漠不语。

喜欢一个人又不敢开口，把自己闷在家里，唱歌写日记，自己感动了自己；害怕考试，害怕上不了好的大学，给家人丢脸；担心将来，担心明天。会好吗？会有好的生活吗？无数个夜，我都曾这样问自己。

现在回想起来，当然更多的是有一种戏谑的成分在，任何事情把它放在足够长的时间跨度上去，都会变得非常渺小和微不足道，但是对于那时的自己，就是生命中不能承受之轻。

我当然可以笑着跟你说,古今多少事,都付笑谈中。但是对于现在的你,或者那时的我，这句话根本起不了什么作用。

当看着你的来信，我回顾自己这十年，发现自己简直就是从一场昏迷中醒来。我从杭州去到了北京，漂了八年，又从北京回到了杭州，有一份安稳的工作，然后又辞职赋闲在家。

看上去人模狗样，但生活的烦恼又何时放得过你呢？生活从来就不是公平的，并没有好人一定会有好报、苦尽定会有甘来这样的定理。**我们能**

做的也是要做的,是尽早地待自己好些。

2

远方的陌生人,原谅我的絮絮叨叨。

昨天晚上从咖啡馆回来,我看了《卡罗尔》,可以说,是专门为你而看的。讲的是一个情窦初开的少女小白兔与另一个中年白富美相爱的故事。

20世纪50年代的纽约,那时候同性恋还被看成心理疾病。但"忠于自己"这四个字,在电影中,被两位主角演绎得淋漓尽致,因为你知道这世界上是会有两人为了对方,此身愿作万矢的。

虽然近年来同性恋的平权运动在各种如火如荼,有很多明星也都纷纷出柜,但是在我们这片土地上,在一些保守的地区,人们对此还是抱有偏见的。

**人是一种很奇怪的动物,很多时候,他们觉得一件事情不对,仅仅是因为这件事情不符合他们的心理预设。**

我想起很早之前看过的一部电影,叫《喜宴》,李安导演拍的。虽然两个男主人公最终走到了一起,但是中间遭遇的曲折痛苦,冷暖自知,满满的无奈和悲哀。

悲哀并不在于世人的不理解,或者有人终于屈服,并且欺骗父母,欺骗未来的妻子或者丈夫,甚至可能降生的孩子,更重要的是,欺骗了自己。真正的悲哀在于,这样的人,在身边存在无数,他们可能是你的同学、朋友、同事,甚至爱人。

我认识一些这样的朋友。他们无惧于社会的压力,并不在乎身边是否存在那么多嘲讽的眼光,他们在自己的生存圈子里努力上进,对得起自己的青春年华。

但是来自家庭的压力终于打败了一切对于未来美好的希望和憧憬。

当你学业已成，工作稳定，任何一个父母所想的接下来的一步，都是结婚。但无奈的是，就像电影里面，高妈妈的那句台词："不跟别人做什么交代，那还结什么婚？"我们自出生一刻，便渐渐清楚，原来自己的生命并不是为了自己而诞生于这个世界的。

我们为太多人而活，身心疲惫，却必须打碎牙齿和血吞。

于是众多并不爱女人的男人，和不爱男人的女人，最终成家生子，过完余下的一生，那些之前的事，只有默默地锁在生锈的饼干盒里，一边舍不得扔掉，一边没胆子开启。

3

陌生人，在你的来信中，你说"社会上有那么多人，经历了那么多苦难，他们都坚强地活着，我这点事儿根本不算什么"。

是的，道理你都懂，每个人光鲜的背后都各自在承受各自的代价，很多人整天在朋友圈发美食和美景，也不意味着他们心里没有悲伤，只是他们没有悲伤地坐在我们身旁。

但是对于你，我有着更深一层的理解。我觉得世上最大的悲伤，绝不是那些可以说出口，或者痛哭一场就没事了的，而是那种说不出口、堵在心里的感觉。

我忘了之前在哪里看到这样的文字，说你们知道为什么大部分的同性恋都比别人聪明、比普通人优秀吗？不是这样的。因为同性恋人群必须非常努力，非常优秀，才有资格站出来显示自己的身份，而那些没有出柜的，埋没在生活中的，还有很多很多。

陌生人，我想告诉你，我们不是一株植物，整天等待别人来灌溉浇水，风一吹就软弱无力，我们不一定非要在一块泥土里终其一生，我们可以改变。

我不敢说，上大学一定能够改变一个人的命运，但是从我自己的经历来看，的确可以改变一个人的习性和对整个世界的看法。

努力学习，好好考试，然后去北京、上海、广州，或者来杭州，那里有很多很多像你一样的好姑娘，你会找到很多很多像你一样的朋友。

4

关于抑郁症，我懂得不多，我所有关于抑郁症的了解都是网上得来的，去年离开我们的喜剧大师罗宾·威廉姆斯、翻译家孙仲旭，还有离开我们已经快四年时间的走饭，都患有抑郁症。

我曾在很多失眠的夜一遍一遍翻阅她的微博，就在刚才我还跑到她的微博底下看，发现时至今日，还有很多很多朋友跑到她那儿留言，但是生前的她并不知道这个世界有那多陌生人在乎她，她孤独至极。

张国荣有一首歌叫《取暖》，歌词说，我们拥抱着就能取暖，我们依偎着就能生存，即使在冰天雪地的人间，遗失身份。

我们的出生和取向，都不是自己能选择的，没有人可以责怪。生病了最怕自怜，把自己看得很渺小，但是千万不要有负疚感。

我曾无数次提到知乎上的程浩，那个生下来就没有下过床的男孩，他说幸运和不幸都需要有人去承担。命运，休论公道。

但是这并不意味着我们只能消极地活着，我们能做的就是在这条路上一直往前走，不要回头。

5

昨天晚上我把你的来信匿名发在了我的微博上，大家都很关心你，也有人跑到后台给我留言，说想给你一个拥抱。所以，千万不要再说自己不重要这样的傻话了。

感觉杭州自从入冬以来，天气就没有晴朗过。明天我就要去热带游泳啦，运气好的话，我会拍一些蓝天白云的照片给你。

原谅我絮叨了这么久，祝一切顺利。

# 如果这辈子都不结婚怎么办？

社长：见字如面。

其实很早之前就想给你写信，也知道会有很多很多人给你写信，也许多到你根本没时间去回复，不过这样也好，就算我在对一个人说话，他就静静地听着，不回复也好。

我的故事要从9年前说起，那时我刚刚参加工作，好吧，暴露年龄了，我应该比你大一岁。那时候自己什么也不懂，只有一颗天不怕地不怕的心，在同一个单位认识了我的男朋友，至今我们已经交往9年，可能一般人听到这个数字第一反应是：你们交往了9年，那怎么还不结婚？

为什么还不结婚，我也不知道。

我们的关系很简单，没有任何复杂因素，日子一天天平淡地过，他个性温和，比较倔强，也很坚韧。我呢？也是普通人一个。

我们也曾在2014年年初的时候张罗着买房子，可是由于他态度不够积极，约好2点钟在楼盘见面，结果他迟到半小时，我自己一个人在车站狠狠地流眼泪，心碎了一地，他这种态度让我难过又难堪，他曾经说过人岁数到了，家里人一催，婚就结了。

可是，社长，人不是应该因为爱情，因为我想要与你生活在一起、与你分享我生命中的每一个时刻才结婚吗？

他这样的态度让我难过，于是决定出国，一来这是我多年的梦想，二来也想提升一下自己，开阔一下视野，出国的各项手续都办得顺利，所以我现在已经在异国一年的时间了，由最初的不适应到现在的习惯，我们从每天联系到现在的一周联系两次，不知道从什么时候开始突然间觉得我们之间变淡了，我不再像前几年那样想结婚了，我只想做更好的自己。

在一起9年，我一定是爱他的，但是我现在更爱自己以及在路上的感觉，人在国外孤单得很，我知道这不可能是我最后的归宿，我早晚要回国，但至少我现在已经不想结婚了，或者不想和他结婚了。

前几个月我们吵架，他说即使你放弃我，我也不怪你，我特别以你为荣。难道爱一个人不是应该去争取吗？就这么一句话就要放弃吗？

其实这9年的故事不是一封信能够描述完整的，和朋友聊天的时候，他说男女关系一开始是男的主导，后来是女人主导，如果你想结婚，你可以暗示一下，他要是不傻，一定可以听得懂。

我说我不要，这种主导和逼婚有什么区别，如果我要的是婚姻，我完全可以告诉他我期待的求婚是什么样子，然后暗示他做到我期待的一切，如果得到了自己想要的东西，不能说这不幸福，但如果我要的不是这些呢？

也许9年的时间太长，长到每个人都认为我是个已婚的人了，周围朋友都小心翼翼地说着一些不痛不痒的话，他们说你赶快结婚吧，可是没人知道我现在其实已经不想结婚了。

你的读者。

———————

我的读者，你好：

有时候，看到有人给我发来邮件，心里会充满感激，因为它表达出来的信任总是让人非常愉悦，就像和许久未见的朋友尽兴聊了一次天。你写给我的，就是这样一封邮件。

我没有结过婚，恋爱经验也少，所以对于这样的话题如果夸夸其谈，很容易贻笑大方，那么我就说说自己的一些故事和想法好了。

在我有限的跟女生交往的过程中，最怕的就是对方莫名其妙地生气，所以当你说"我可以暗示他做到我期待的一切，但这不是我想要的"的时候，我想说，有时候男人的反应真的是很迟钝，分辨不出女朋友是不是换了洗发水、涂了新的指甲油，你因为这样的事情不开心，又闷在肚子里，一个人对着天花板发脾气，对于两个人的关系，没有任何益处。

九年时光放到任何一件事情上来说，都显得弥足珍贵。也许很早之前你们就各自走上了背离对方的道路，活在自己的世界里，却仍然以为两条道路可以在前面交会。

这是我的一个猜测，当然如你所说，九年的故事不是一封信能够描述完整的，我不清楚你们之间是因为那一次相约买房之后心存芥蒂，逐渐疏远，还是平时的交流就一直存在问题，我更想和你探讨的是，如果这辈子不结婚，到底有没有问题？

我先来说一个故事吧。

前段时间跟朋友聚会，不知道该聊些什么话题的时候，朋友突然跟我说，他以后不想结婚，更不想要孩子。当时以为只是开个玩笑而已。

后来他越说越认真，因为他不觉得自己可以照顾好家庭、教育好自己的孩子，因为他觉得自己没有能力改变，或者跳脱当前这个让他厌恶的环境。这种环境是指糟糕的空气，糟糕的食物，糟糕的教育，糟糕的文化。

更关键的原因在于，他说不想没有经过孩子的同意就把他带到这个世界来，如果把孩子置于这样的一个环境之中他会痛心。没有勇气让自己的孩子再经历一遍他这样的遭遇，无法让孩子在一定程度上有底气可以不随波逐流，活得自我一点。

事实上，身边时常有这样的声音，"我觉得单身挺好的"，"我一个人也可以活得很好"，"如果找不到可心的伴侣，我宁可踽踽独行"。每当听到类似的话，我都肃然起敬，因为我见过的说出类似话的人大多都不错。

可以回顾一下，从小到大，很多小学初中高中同学都已经早早结婚生了孩子，而在大城市飘着的，那些所谓的高学历精英，有很多都保持着单身。

如果说婚姻是一种合同，只是为了找一个人搭伙吃饭解决性生活，那么这件事情真的是太简单。为了嫁而嫁是很容易嫁掉的，为了娶而娶也是一件太容易的事情。

因为我自己也有很强的不会结婚的预感，所以不得不思考一下，如果不结婚，会怎么样。

舆论从来不是最大的问题，每个人只能对自己的人生负责，那些整天逼迫你去相亲、结婚的人，根本不敢为你的幸福做保证。而且舆论只有当你把它当真的时候，它才会真的变成一件事情，除此之外不值一提。

其次是孤独的问题。我从不觉得一个人看电影吃饭生活有什么孤独的，孤独也并不可耻，孤独的人生病时会难受不能进行任何精神活动，而不是为没人照顾而伤心。事实上孤独的标准很高，人际交往受挫没人理你，没事可做百无聊赖那是颓丧，不是孤独。**相比一个人的孤独，我更怕和另一个频率不符的人话不投机。**

关于风险的问题，和菜头在一篇文章《独自居住》里说，在过去的世代里，最为无奈的结婚理由是两个年轻人需要结成经济共同体，一起抵御物质匮乏时代。今天，如果一家人还需要结阵组成两代人的经济共同体，利用工资和储蓄抵抗通胀和失业，那么这种家庭生活基本上看不到任何未来。

我看过太多婚姻的悲哀，也见过许多美好的家庭。幸福本身，和婚姻没有必然的联系。不懂给人幸福的人，即使结了婚，依然自私得可怕。而温暖善良的人，也许并没有和你最终走到一起的缘分，但是也好过牵强地绑定一生。

我不想告诉你谁谁谁一辈子没有结婚过得依然幸福，我也不想说谁谁谁因为结了婚过得很痛苦。毕竟谁也没有办法把你的人生当作自己的来过，如果这是你的选择，那么也请为该选择做好承受一切的准备。

还是那句话，**没有人需要一模一样的罐头人生。**

祝你快乐一生！

## 年轻时装逼,现在起装屌

社长,你好!

今天突然想尝试给树洞说说话,第一次向一个素未谋面的陌生人敞开心扉,诉说自己。要知道我是一个中专生,平时连小学作文都写不好。只是压抑太久了,需要找一个宣泄口。

下面是我的故事,可能会有点流水账:

我是一个生活在城市的普通90后男孩,从小父母做批发生意,一直是外公外婆照顾长大的。那时家里条件还算不错,因为我是家里最小的孩子,在不过分的情况下,几乎要什么就可以得到什么。

小学三年级的时候,因为家里的铺面被拆迁,就没做批发生意了,那时家里刚刚买了房,还有贷款压力,父亲总是希望一夜暴富,尝试了很多在我看来并不靠谱的工作,保险安利什么的,随后家里经济情况一落千丈。

这对我有很大影响。上小学之后开始欺负同学,所有坏孩子做过的事情,我几乎全都做过。跟着一群人学会了抽烟,打架,收保护费。为了合群,我做了一系列这样的事情，可能当时觉得这样特别酷吧，但是我心里一直觉得和他们是有区别的。

就这样，成绩一直不太好，我也是无心学习。后来觉得既然不是读书的料，还不如学一门技术，所以初中毕业之后就选择了一个离家比较远的职业技术学院，在学校里混了三年，有好有坏。

出了校门之后，才发现在学校学的知识根本不够用，自己也找不到合适的工作，各种各样的工作断断续续做了两年。

父亲呢，自从没做批发生意之后，三天打鱼两天晒网，把家里老底全亏完了，还在他朋友亲戚那儿借了很多钱。现在房子也卖了，我们过上了四处租房的生活。因为母亲也很强势，他俩就整天吵架，还动手打人，之后就分开了。

我最近又辞职了，总是觉得打工没意义，又不能学到新知识，而且很多地方工资又很低，做的事情太 low 了。

我一直觉得自己是个不平凡的人，也不会成为那种下三滥，但是感觉现在却一步步走向深渊，前途一片迷茫，好担心自己哪天会撑不下去做傻事。

社长，恳请你支支招，我现在该怎么办？

你的读者。

---

90后的小朋友你好：

感谢你的来信。

看完你的文字，我首先想到的是那些烂俗的青春电影，有一句盛行的脑残语录：不抽烟、不喝酒、不打架、不翘课、不谈恋爱，你的青春被狗吃了吗？你有没有觉得自己的生活，过得就像那些烂俗的青春电影一样，多少年后回过头看，就像是一个大写的笑话。

青春里最残酷的事情是什么？有一个叫李纯洁的朋友说，是无知。就看我们身边，多少人被"青春"这个词绑架，强迫自己去做一些虚荣的事情：什么说走就走的旅行，什么奋不顾身的爱情，什么再不疯狂就老了。

于是一群三观还未真正确立起来的青少年们，把青春电影的主人公当作自己的人生偶像，把狗血的剧情当成自己的奋斗目标，人生规划靠鸡血，爱情三观靠鸡汤，每天被无知和弱智感动千万次，还觉得自己特别真诚，特别动人。

都说年轻人犯错误，上帝都可以原谅，但是上帝不会鼓励年轻人去犯错误。

关于合群，你合的是什么群呢？乌合之众吗？还是山炮盲流群？做的事情都一样，你又凭什么觉得自己跟他们不一样，心里还产生了一丝莫名其妙的优越感？说这种话也不怕分分钟被自己的兄弟暴打一顿，我都替你捏把汗啊！

关于工作，你得了一种好高骛远不踏实的病。这种病多发于那些不满足现状，但是又无力改变的人身上，发病时候的症状是空虚、迷茫，胡思乱想，对任何事情都打不起精神，守不住现在，又看不到未来。

关于旅行，我已经说过太多次了，穷逼就别瞎浪了。旅行如果有意义的话，就是感觉生活累了的时候出去放松一下，目的是回来之后更好地生活，而不是让你出去装逼，更不是让你躲避。没有钱的旅行，不是穷游，是穷浪。

关于父母，你没有资格去指责他们生意失败，或者感情破裂。从你的来信中，我多少看出一点恨爹不成钢的想法，你现在也不是小孩了，比起那些还没有真正长大，却要赚钱养家的孩子来说，你幸运得多。

关于以后，你想得太多。不要总是想着虚无缥缈的未来，和永远不会到来的明天。如果要做规划，做计划，就做每周的计划，不要说今年我要干吗干吗，不要说我明年要干吗干吗，就说这周你要干吗，今天你要干吗，然后去做。

下面是我的一些具体建议：

远离那些盲流朋友，交一些对你真正有帮助的朋友，尤其是比你年长的朋友，他们有更加丰富的阅历，可以在工作和生活上给你更多建议。

学习，不要停止学习，这里说的学习不仅仅是看书，更是掌握一些技能，如果你喜欢摄影，那么提高你的摄影水平，现在摄影师也很赚钱；

给自己做每周计划表。梦想总是美好的，你可以天马行空，夸夸其谈，但是不要指望有些东西从天而降，不劳而获。每周的计划不用太多，每天进步一点点。

调整心态，不要整天想着出去玩儿，生活没有那么容易，你也没有自己想象的那么多情。大多数人都觉得自己将拥有不平凡的人生，但最后都变成了平凡的人，你我都是。

年轻的时候花了太多时间装逼，所以从现在起，需要花更多的时间装灰。

祝你一切顺利。

# 我不想提前领一张 50 年后的死亡证明

昨天半夜习惯性地打开树洞，本来打算趁着睡意，回复几封邮件就滚去睡觉的，没想到却被一个叫作"漂亮的北漂女孩"的朋友活活笑醒了。

这位朋友先是简单地做了自我介绍，接着又非常不要脸地夸了自己的长相，说自己长得是刘亦菲和邱淑贞的结合体，身材属于邱淑贞那种，在北京待了三年多时间，最近产生了一些生活上的苦恼，问我应该怎么办。

刚开始读这封邮件的时候，我的脑海一直不由自主地蹦出各种各样的弹幕：照片呢！照片！为什么邮件里没有放照片？刘亦菲般的脸在哪里！邱淑贞的身材在哪里！你个混蛋！骗我打开这封邮件，晚上也不怕容嬷嬷拿针扎你。

为了显示自己并不是一个肤浅的人，我立马召集全体脑细胞开了一次重要会议，半分钟后就发了自己的微信号过去，"加我聊呀，关于北漂我有话要讲，我是你的旧漂友！"

于是我就跟她搭上线了。

这位姑娘来自南方的一座小城市，大学毕业之后不顾家人的反对，毅然决然地去了北京，一待就是三年多。换过几次不好不坏的工作，谈过几次无疾而终的恋爱，搬过几次十几平方米二十几平方米的出租屋。

"这里没有可以慵懒的生活，没有爸爸妈妈，每天都要起大早，风尘仆仆地去挤公交和地铁上班，有很多个瞬间，我都怀疑，自己的选择是不是错了。"她说。

我问她，那你想回家吗？微信的对话框一直显示那头"对方正在输入"，但是过了好久，我才收到她的留言——"我不想提前领一张50年后的死亡证明。"

1

这句话，虽然说得有点过于绝对，或者并不那么讨人喜欢，但是对于很多去北上广打拼的年轻人来说，是最真实的内心写照。

十一年前的今天，2005年8月，我离开家乡杭州去北京求学，开始了长达8年的北漂生涯。

那几年是我有生以来，视野极大开阔的一段时光。天安门前拍过照，五星酒店睡过觉。每次走在中关村大街、西单、王府井、国贸、三里屯，都会很庆幸自己走到了这里。

很多朋友问我北京是一个什么样的地方。

我说，这是一个无论你是怎样的"异端分子"，都不会有人觉得你很奇怪的地方，是一座充满各种可能性的城市。

2

知乎上有一篇很火的帖子，为什么有那么多年轻人愿意在北上广打工，即使过得异常艰苦，远离家乡，仍然义无反顾。这个话题被浏览了780万次，相关话题关注者高达930万人。

这个四四方方的北京城，厉害的人那么多，红墙金瓦，每天发生的故事和路上的车一样多，梦想和地铁上的人一样多，你来所为何事。

曾经，我也在心里疑惑，为什么一定要背井离乡？为什么让自己这么拼？

放在以前，我会说为了学习，因为这里聚集了全国最最顶尖的资源；为了工作，世界500强总部有50多家在首都；为了爱情，看一看这里的漂亮姑娘；为了梦想，因为这个城市赋予了所有像我这样，从全国各个中小城市出来、没有任何背景的年轻人，许多一视同仁的机会。

是的，我们贪恋很多的机会，贪恋大城市的那一点点公平，期盼自己的努力和价值可以被看到，期盼获得更好的回报，给予自己和家人更好的生活。

3

我认识很多这样的人。

比如说我的邻居老张夫妇，东北人，比我大了差不多十岁，在北京待了已经有很多年，孩子放在老家上小学，每个月回家见一次孩子，每年寒暑假把孩子接来住几天，一起挤在拥挤的房间内，白天他俩出去上班，孩子就自己一个人在家看电视。

比如说我以前的室友，在学校里吹萨克斯的，三十多了还是单身，每天起早贪黑去培训机构给人上课，平时的晚上和周末还要做私教赚钱。我有次问他这么拼命为什么。笑着说，因为家里还有弟弟妹妹需要他供给上学。

比如说我自己，留在北京生活，一方面是因为毕业之后就找了一份不错的外企工作，虽然在高房价和物价面前，这点薪水并不算什么，但是对于家人来说，对于爸妈来说，孩子在大城市有一份事业是很光鲜的事。

**在大城市生活，虽然不能靠梦想活着，但是梦想，让生活变得可以忍受。**

4

有段时间，关于逃离北上广的话题被讨论得沸沸扬扬，我在领英中国的公众号下面看到这样一条评论，差点当场蹲在地上哭到打嗝，有个叫Bird的用户说：

如果整个社会的福利会再好一点，人们的后顾之忧再少一点，那么北上广确实是属于年轻人的地盘。可是现实往往是年轻人在这里变得不再年轻以后，却发现这个城市没有给他带来更多安全感。

或许你也会问，现在年轻还能折腾，那么老了怎么办？可以一直漂下去吗？我想说的是，只要你努力，这个城市会给你很多的机会，哪怕有一天你离开，至少这段岁月会给你留下很多难忘的回忆，或许因为这段岁月，你会有一个更好的去处。

可能你还会问，长期北漂，那么家乡的父母又该怎么办？问这个问题的人，不知道有没有考虑过那些窝窝囊囊在小地方沤一辈子到头来还要啃老的年轻人的感受。

我想说，孝顺父母或者关爱家人，其实跟你在大城市，或者留在家里并没有绝对的关系。

如果你是一个有孝心的人，远在千里你也能找出办法关爱他们；没有爱心的人，就算天天和家人待在一个屋檐下，也像是陌生人。

5

我真的很能理解那个说出"我不想提前领一张50年后的死亡证明"的年轻人，也能感受到她处于在外面打拼和回家享受安逸之间的纠结。

我们在繁华匆忙的城市奔波生活，跌倒失去。家里始终点着温暖的灯光，在我们背后守护，等着我们随时转身，重回怀抱，洗去疲乏。

如果有人问我，如果再给我一次机会，还会去北京吗？我的回答是：当然！如果他再问，为什么？那么我的回答是：为了更好地回来。所以，祝你好运！

最后，我想说，**其实无论在大城市，还是小城镇，或是这个世界的任何一个地方，永远不要做那个死于75岁但在25岁便被埋葬的人。**

每个时间段和年龄层都有各自的痛苦和欢愉，Life is like a penis. It seems longer when it gets hard. But only when it gets harder, you can have fun！

## 和我一起拼凑完整的天空

已经过去很久了,有很多来信安安静静地躺在我的树洞邮箱里,我把有些需要回复的、一时不知应该如何回复的邮件标红,单独放在一个菜单栏,回复完了再拖出去。

三年前,我学着和菜头,在"社长从来不假装"这个账号下开设树洞,让很多生活在尘世之中的男女来信诉说自己的生活。三年来,我大概回复了将近一千封邮件,大多是关于情感和工作的。

这不是一件容易的事情。并不是说我回复这些邮件需要花费多少时间,而是每当我打开这些邮件的时候,我就很容易难过。人生艰险莫测的这种简单道理每个人都明白,但是这种程度超过了我个人可以承受的范围。

白天我在互联网的世界里横冲直撞,斗志昂扬;晚上我一个人面对一大坨邮件我就觉得心里发慌。有很多次,我面对着眼前闪烁的显示屏说:请放我走吧,让我像一条狗那样回到自己的窝,在那里躺一躺,舔舔身上的毛。

前段时间，和菜头在《得到》专栏反思树洞这个项目说：对于那些写信的人来说，写完邮件，点击"发送"的一瞬间，就得到了某种意义上的解脱，很多人看了来信，也会感叹自己人生的幸运，但是很少有人问，你还好吗？我很不好。在我关闭了树洞，彻底失去它的那一刻，我感到浑身轻松。

我读到这里的时候，才发现自己中计了！因为我做了一个复刻版，我不轻松。更要命的是，我不是和菜头，写不出我在春天等你，写不出给厨师李有才的信，写不出最好的安慰也不是安慰本身，而是让对方升起对未来的期待，哪怕是为了一棵柿子树。

每次打开邮箱，看到纷至沓来的留言，我才知道我在安慰人这件事上有多么差劲。

可是，仍有什么东西对我来说是重要的。每当生活的重锤落下，有了它们，我觉得自己可以再多坚持一下，也许我再多坚持一下，别人的生活也会有所不同。

所以，今天我想邀请你和我一起"拼凑一片完整的天空"。至于为什么要这么做，看了下面的来信你就会明白。

---

社长，你好。

关注你的公众号有段时间了，今天，想借这树洞讲讲我的故事。

我，32岁，有一个快2岁的儿子。小伙子长得很像他爸爸，笑起来眼睛眯成两条线，虽然，他几乎不会对他的爸爸有任何印象，但血缘就摆在那里。

我和我先生是研究生同学，像小说里的某些狗血情节一样，开始厌恶得有多厉害，后来爱得就有多深。不了解的时候对他避之又避，但后来，他的阳光乐观对于我这种天性悲观的人有着致命的吸引力，即使被朋友说成冲动、不理智，但我还是很快决定和他在一起。

研究生三年，我觉得我们周围有个幸福的圈圈，是真的会像太阳发出的光一样温暖的圈圈。我仍然记得，他牵着我，说让我闭着眼走。我说我从来不闭眼让人牵着，那种完完全全把自己交出去的感觉太可怕。他说，不用怕，我会牵着你，任何事情我都会在你身边提醒你。后来，我真的可以闭眼把自己交给他了，他却不在了。

09年毕业，我们在不同的城市，相距100多公里。因为他工作忙，所以常常是我周五下班坐大巴去到他的城市。每次重聚，隔着好远的距离，都会给对方一个会心的微笑。刚毕业，没什么钱，两人就一块去超市买平时舍不得买的水果和零食，逛逛商场，看看电影，唱唱k，好开心好纯粹的一段日子。

10年买房，11年装修加结婚，日子按部就班，装修我一人搞定，他总是在忙工作，难免牢骚，生活和工作让我们不再像学生时代那样单纯，但至少心还是在一起的。

12年结婚纪念日，他对我说，我决定了，我要来你的城市。我高兴坏了，虽然心里一直想着要在一座城市，但即使结婚了也不可能绑架一个男人的未来，所以，从未要求过他。12年末，我们终于可以每天见面，感觉特别满足。

14年10月，我们的儿子出生了，欣喜尚未过去，15年4月，他因为腰痛难耐去医院检查，竟已是肺癌晚期，并已出现癌细胞转移。短短两个月，他就已经永远离开了我。

那两个月，我陪在他身边，把儿子交给我父母照顾。他几乎不愿意我离开一步，他和我说，我在他才会安心。他曾经是那么骄傲的一个人，但是，最后……

　　社长，想必你听过"笑得像哭一样"这种说法吧，原来我总觉得这种形容是夸大了，但是，我现在相信了，因为我见过。

　　他走了以后的半年，我每天都哭，一个人的时候我就偷偷哭，哭到后来眼睛都有些看不清；我写微博，把想说的话都写下来，写完了哭完了，就去睡觉。那半年，我接了很多兼职，把业余时间安排得满满的，只有把时间填满，才不会那么悲伤。

　　15年年底，我和朋友去了趟柬埔寨，回国的飞机上，我哭得很大声，前面座位的人都扭过头来看。也就是从那次开始，我几乎不再哭，就像接受了他离开一样，我知道哭只能是哭，不可能改变任何事情。

　　生活不需要太多情绪，我就像一个旁观者一样看着自己每天"装逼"，可能很多人以为我迈过去这道坎了，每天该笑就笑，该八卦就八卦，一如往常，但其实已经没有灵魂了，像个空壳一样，机械地做着自己该做的事。

　　我依然为他的手机充值，却几乎不再吃我们曾经超爱的榴莲；我说服自己去打他曾经教我的羽毛球，却不愿再去我们周末经常去踩单车的水库绿岛。生活对于我，不再是彩色的，只有需不需要。

　　唯一在意的是，希望能好好带大我的儿子，给他尽可能好的生活。物质条件我可以拼尽全力，但是家庭的完整性，我不知道该怎么办。他现在还小，还不知道什么是爸爸，也不会叫爸爸，但是等他大点以后呢？我多想能让他有个爸爸，有个完整的家，但是要想落到实处，首先我能不能克服自己的心理障碍，这也是个问题。

　　谢谢你听我的故事。

王小波曾在《黄金时代》里写："那一天我二十一岁，在我一生的黄金时代，我有好多奢望。我想爱，想吃，还想在一瞬间变成天上半明半暗的云。后来我才知道，生活就是个缓慢受锤的过程，人一天天老下去，奢望也一天天消失，最后变得像挨了锤的牛一样。可是我过二十一岁生日时没有预见到这一点。我觉得自己会永远生猛下去，什么也锤不了我。"

现在，这些被生活锤过多年的人们，又在哪里看云？**无论此时的你，在哪里，是白天，或者是黑夜，我都希望你能拍一张头顶的天空照。在照片上标注国家和城市，或许所有的照片拼凑在一起，就能形成一整片天空。**

我想把这片天空送给来信的朋友，祝她幸福！同时，我也祝福你，陌生人，愿你也在尘世收获幸福！拜托了！

## 屌丝父母到底哪里不对？

收到一封邮件：

社长你好，我是一名马上就要30岁的女孩，没有稳定的工作，没有家庭，没有对象。你知道女孩子一旦到我这样的年纪如果还没有这些，就会被周围人当作怪物一样，别人会说你应该有稳定的工作，应该结婚，应该生个孩子。

我知道这一切本身没有错，但是是不是每个女孩天生就为了嫁一个好男人才来到这个世界？如果不这样做，就是十恶不赦、大逆不道？

我曾经因为拒绝父母给我找的金饭碗，拒绝有车有房可以结婚的男朋友，和父母吵得不可开交。有时候会想，为什么想要争取过自己想要的生活那么难？为什么不跟别人走一样的路就会被排挤，被指责？我做错了什么？

---

看完这封邮件，我的脑海中第一时间浮现出来的就是"屌丝父母"的

形象，当然这样称呼多少让人有些不舒服。什么是屌丝父母呢？就是那些碌碌无为、把所有的希望和寄托都压在自己孩子身上的家长，他们希望他们的孩子出人头地，完成自己没完成的理想。

有时候想这样生活的孩子真的挺惨的，从一出生开始，就有人教育你，应该这样，应该那样，强调你的社会责任感，你的家庭责任感，男孩应该努力买房买车迎娶白富美，女孩应该有稳定的工作，相夫教子，生活在物质的世俗之中，急功近利，婚姻也变成了一种协议。

大多数中国式父母从来没有问过孩子，这是不是他们想过的生活，是因为他们自己都不知道自己想过什么样的生活。

我可以感受到他们作为父母的压力，除了真正关心孩子的生活之外，他们的压力很大一部分还来自亲戚、朋友、同事、邻里之间的闲言碎语和眼光，他们会觉得孩子如果不按照他们的这条思路走，会让他们抬不起头，在这种他们认为的强大压力之下，活得很"艰难"，于是他们要通过转嫁压力来逼迫你让他们抬起头来。

以逼婚为例。有些父母的确着急，但是压力的很大一部分来自他们的周遭，谁谁谁都已经结婚了，谁谁谁的孩子都好几岁了，你孩子怎么连个对象都没有？于是逼迫子女相亲，甚至随意找一个差不多的就得了，"感情是可以培养的嘛"，他们说。

但是对于子女来说，谁愿意没有对象？如果遇到真正喜欢的人，谁愿意一直单身呢？如果因为照顾父母的情绪，让他们开心，就把自己的下半辈子抛出去，我真的不知道应该如何阐述这种状况，说好的世上只有妈妈好呢？为了抵挡来自别人的语言压力，就让自己的孩子承受现实的打击？

**这是一个人的生活，人生，不是一沓钞票，没有了可以再挣；不是一**

**辆车，撞坏了可以再修；不是一件衣服，不喜欢了可以送人；不是一个游戏，死了可以重启。**

如果父母真的尊重孩子，那么来自外界的那些语言压力就是个屁。然而中国式的屌丝父母从来没有想到这一点，他们把自己的子女搞定，然后就会去"关心"别人家的孩子：我们家孩子都结婚了、生娃了，你们家的什么时候办事啊？屌丝父母的怪圈就这么形成了。

我在公众号和朋友圈很少谈起父母，因为无论和他们聊什么，他们都能扯到结婚生子上，这一点我很佩服。我知道从我回杭州以来，他们为了能让我稳定地工作，按部就班地生活下去几乎付出了全部的诚心，几近讨好，可我总是不能随他们愿，弄得大家都很心碎。

辞掉阿里的工作这事，一开始没告诉他们，后来我妈问我工作的事儿，我就说我辞职了，第二天我爸一早就打电话训我：你就整天在外面胡搞吧，连个媳妇都没有。

他们不会上网，不知道互联网思维，也没有看我离开阿里的那篇文章，他们不知道自己的孩子为什么不能和所有人一样，我站在阳台，手里握着电话，杭州这几天天气本来就不好，还他妈老下雨，我挂完电话委屈地哭了。

## 穷孩子的生存指南

我在天桥贴膜的同时,也在网上认识了很多朋友。

那时我一边给人贴膜一边在微博看相。很多网友希望我能透露坐标,他们想过来光顾我的生意,还有一些给我发来了 offer,问我有没有兴趣去他们公司当策划,做文案。他们小心翼翼地过来问我一个月能赚多少钱,好像怕伤害我的自尊,并提出给我更高的报酬。

"贴膜太辛苦了,你应该找个正经的工作,来我们公司吧,给你一个月 5000,还有五险一金哦。"他们这样告诉我。潜台词是,像我这样一个人,认识几个字,会写一些段子,去贴膜可惜了。出于欣赏,但更多的可能是同情。

有那么一段时间,我真的进入了角色。

我在网上买了很多关于看相的书,掌握了一些专业术语。公司楼下和清华园的天桥上常年坐着一排手机贴膜的人,为此我还央求摊主能否起来一会儿,让我坐那儿,然后帮我摆拍几张照片,我发布在网上,然后编几段朗朗上口的段子,吸引更多人过来看相。

我几乎都快把自己都骗进去了。有很多次,我站在清华科技园的楼下,咔嚓一张大楼的照片,略带惆怅地在微博上说,"真希望有一天也能像白领一样坐在格子间里打字啊,不知道他们一个月能赚多少钱呢?八千,还是一万?我只要能赚五千就很好了。我也会在胸前挂一块工牌,戴着它去楼下的7-11买午餐,再溜到星巴克给自己点一杯咖啡。"

我没有再贴膜,也不是专业看相的。我其实曾在那座大楼工作过,进去的时候,上面的挂牌上写MICROSOFT,后来变成了163网易,最近换成了快手。我现在也搞不清楚,当时我干吗要把自己伪装成一个贴膜摊摊主以及看相的人,只能说,生为逗逼,我很抱歉。

的确有很长一段时间,我都在幻想一个问题:如果我不曾上过大学,不曾认识一些朋友,我之后的人生会是什么样子?会回家干农活吗?还是到附近的镇上做一份体力工作?也许会结婚,会有孩子,说不定会过得很幸福?

但是答案很快就被我自己否定了。

一直以来我都不是一个安分的人,我对外面充满好奇,我感觉自己就像今天的封面图,一个小孩悄悄地掀开绳索,偷偷地看着大海,我知道我终将出去,然后必定浮现。就像我当时在路边贴膜,假如我真的只是贴膜的,属于挣扎在温饱线上的底层人,也会有人发现我,并在那么一刻给我发来offer。

之所以想到这个话题,是因为我的公众号收到来信,是一位叫作风吹落叶的读者,他在来信中说:

社长，你好。

我没想到有一天自己会给你写信，冬天来了，又快过年了。这两年，每到过年的时候经常会失眠，因为父母又给我安排相亲了。

父母希望我早点结婚，但是我不想，因为我现在完全没有承担生活的能力。我在高中毕业之后就在外面打工，都是做体力活，最开始是服务员，后来做早餐面点，现在是保安。这些工作让我都能想象自己20年后的样子。

这几年一下子就过去了，可我对时间完全不敏感，感觉自己还是学生，还没有长大。事实上我已经成年了，父母也日渐老了。现在23岁的我，应该听父母的去结婚吗？我不想，可是又能怎样呢？我改变不了父母的观念，我自己也确实没本事。

---

我曾经在一篇文章里写过，其实大多数的贫穷并非懒惰造成的，我也不太喜欢那种你穷你有理的调调，导致贫穷的理由各种各样，出身尤其重要。但我还是想说，如果你生在一个正常的家庭，四肢健全，受过一定的教育，在这个时代想穷其实挺难的。

我再强调一遍：如果你身体健康，家里的人也都是健康的，你受过一定的教育，在这个互联网时代，想穷不是一件容易的事，除非你想。

上过大学，也并不意味着真的受教育比别人多，重要的是一个人的学习能力。很多人上了学，其实也只是多认识了几个字而已，并没有让他们在见识上有所长进。

**经济上的贫乏并不可怕，可怕的是心智上的贫乏，因为内心贫乏则导致视野狭窄。**

举个很简单的例子：能用得起智能手机，能关注这个账号的，我相信都不是那些吃不饱饭的。有了一定的富余的闲钱，有钱人会把它投资在教育、健康、保险等长期回报的事情上；但是穷逼会把时间和金钱用于满足短时的快感的事上，比如赌博、娱乐、无聊电视剧等。

因为没什么钱，也懒得去学习新的技能，在选择工作的时候，也就没有多少余地，只能做一些日渐消耗，而没有成长的职位，于是就更没有钱，更懒得去学习新的知识……

这是一个非常可怕的循环，归根结底还是因为心智上的懒惰，所以只能做一些日渐消耗的工作，失去了上升的阶梯。就像网上流传的那句话——我从来没有见过哪个煤矿工人，因为挖煤挖得又快又好最后变成煤老板的。

我的身边有那么一个朋友，1997年生的，没有上过大学，家里情况可以说是一言难尽。前几天我看了她写的博客，才知道她经历的那些事情。

我的学历并不高，从开始到现在，我都活得特别地小心翼翼。

几年前的10月，我过得非常不安，因为我觉得这样的人生好像一眼就望得到头，叫人绝望。

即便如此，日子还是要继续过下去。

那段时间，原室友忽然要搬走，新室友是一位从广州来的设计师，在混熟了之后，我经常在他房间里和我养的狗一起拼图，他在旁边用电脑修图。

有一个晚上，他突然问我：你想不想当设计师？我是说，如果你想，我可以教你。我望着他，沉默了半响。最后说好啊。

可能是从那天起，我的人生开始有了一些小小的改变，他时常会拿一些优秀的设计作品给我看。

他："你看这个。"

我："好好看啊！"

室友说："画这个的姑娘28岁，你现在还小，你再多练几年也可以的。"

"你还小，你以后也可以的"，这是室友在领我入行后说得最多的一句话，他深信我的未来前途无量，只是需要时间去打磨，对此我深表怀疑，可是并没有放弃继续学习着。

大概是一年后，我找到了一份相对来说不错的工作，老板看了我的一些设计作品后决定破格录用我。

那天我跟她在印象城吃饭，她问我可不可以跟她一起拍视频，她来写脚本、拍摄、剪辑……我说，我擦你怎么什么都会啊？

她说,社长,你是不是不会上网啊？现在这个互联网时代,你想学什么,只要沉下心来学,基本都不难啊。很多东西,你网上搜一下就会了,做不到太专业,但是一般水平绝对没问题。

他们的那两句话一直刻在我脑海里：1.你还小，你以后也可以的；2.这个互联网时代，只要你肯学东西，基本上不难。

现在的问题就在于，很多年轻人失去了学习的能力，失去了耐心，很多人恨不得现在撒下一颗种子，立马能够看到参天大树。

还有很多人，一边抱怨自己的出身，一边羡慕着他人，然后双脚一伸，把造成自己无能的责任全部推给社会和出身。

错把放纵当潇洒，把颓废当自由，把逃避责任当作追求自我价值。不过是懒，怕吃苦，哪来那么多好听的理由。

回过头看，即使那时我真的只是贴膜的，真的只是挣扎在温饱线上的底层人，但是总有一天也会走进那高高的写字楼中。因为愿意学习，知道成长的年轻人，在这个时代总能找到自己的出路。

**但愿我们终能冲破绳索，按照自己的意愿奔向那广阔的大海。即使身后万人阻挠，沙滩上怪石嶙峋。** 关键在于你自己，外部的阻力都不是问题。连岳说，孤独的穷孩子，始终要比别人多蜕一层皮。

共勉。

Part. 04

丑话说在前面

Don't

Show

Off

Anymore!

## 远离那些只是把你当作人脉的朋友

你肯定遇见过这样的朋友，平时三百年不联系，一联系就是在吗在吗，也不说什么事，最后的落脚点总是能帮我个忙吗。有时候是向你借钱，有时候是想托你介绍工作，有时候什么都不为，只是想让你在朋友圈给他的小宝贝点个赞。

这类朋友往往和你没什么深交，有的是在朋友聚会上认识的，有的连长什么样都忘了，但是每次碰到什么话题说起你的时候，他总能装得好像已经跟你熟得不行的样子，并且在需要你的时候厚着脸皮找到你！

说实话，有时候我挺佩服这类人的，每次麻烦别人都表现得这么理直气壮，以至于你要是不帮他搞定这件事情，就会觉得理亏了，觉得自己是不是做错了什么。

文卿是一名视觉设计师，收入的很大一部分来源于接一些私活，帮朋友的网站、杂志、新媒体做一些插画和 banner。身边有一个做视觉设计的朋友，是件很美妙的事情。但是在文卿看来，她的手艺却成了她人际交往中一个很大的障碍,很多朋友找她做设计的时候,都想尽可能多地压低价格,有的甚至让她帮忙免费设计,在那些朋友看来,画一张图对于一个视觉设计师来说,是一件随手就可以搞定的事情。

这让她痛苦不已,一方面碍于友情,看看对方那么渴望的样子,拒绝的话怕失去朋友,不拒绝又为难了自己,于是常常陷入两难的境地。她说:"很多时候,都觉得他们是因为我有这门手艺,才和我做朋友,弄得我现在一看到他们的头像在屏幕右下角闪烁就会觉得心慌不已。"

这样的情况其实很多。当你掌握了一门技能或者拥有一些资源的时候,之前早已淡出你社交圈子的朋友又会重新进入你的生活。但是真正靠感情来维系的朋友——就是那种当你危难的时候,第一时间想起的朋友,却越来越少,这让人压抑。

当这种感觉来临的时候,TwoTwo 先生几乎喘不过气。他是北京一家互联网公司的 PR,因为工作关系,认识了许多媒体圈和互联网圈的朋友。就在他准备在公司做一场大型线下营销活动时,他才发现,原来很多平时称兄道弟的朋友不过是自己一厢情愿地信任罢了。尽管他有 800 多个微信好友,但来到现场助阵的用一双手就可以数完。

他说:"回想起之前在工作中认识的那些人,尽管意料到很多都是点赞之交,但是没有想到会是这样的结果。"

美国一项针对当今社会交友的研究发现,越是想要把朋友当作人脉来结交的朋友,就往往越靠不住。因为一旦你离开了某个平台或职位之后,你对朋友说了一次 NO,那么这段脆弱而又敏感的关系就会很快宣布结束。

报告中指出,现在社会由于互联网和社交平台的兴起,让人们相识的门槛变低了,同时,心与心之间的距离也在很大程度上被拉开。你更愿意把时间和精力投入一份对你有利的关系中，以及参加各种可以结识大量人脉的饭局聚会上。

在职场，因为同事经常变更，这样的情况就更明显。

八八是某部委的一名公务员，因为工作关系常年往返于北京和海外。按理说在皇城脚下当一名公务员是一件非常让人羡慕的事儿。但是对八八来说却头痛不已。不光是老家那些来北京求他托关系办事的亲戚，还有各种来北京参观旅游的同学需要接待，每次从国外回来的那几天，都要被这些人搞得神经衰弱。

"很多人都是办完事情，吃完饭抹抹嘴巴就走了，有时想要很坚定地拒绝，但真的很难说出口。"

自私鬼，势利狗，自大狂，这样的人在我们的生活中比比皆是，他们很少会站在别人的角度来考虑问题，不管这件事会不会麻烦到你，只要能达到目的，他们就能张开口肆无忌惮地要求别人。

我们到了某个阶段，交朋友会变得越来越困难，多年以来朋友圈子基本已定型，什么人可以肆无忌惮，什么人可以把酒言欢，其实在你人生较早的时期已经注定。

**其实我们在生活中，本来就不需要太多朋友，只要他/她能在你最需要的时候出现在你身边就好。他/她可能没有很优秀，没有那么多技能，也可能不懂咖啡，不能说走就走，甚至不通人情世故，说话笨拙，但是他们身上也会有很多闪闪发光的点，值得你去付出你的真心。**

至于那些只是把你当作人脉的朋友，当然离得越远越好！

## 情商低的人就不要开玩笑了

最近有一篇文章很火,叫《如何变成一个有趣的人》,文章以《红楼梦》举例,说林黛玉嘴贱,"携蝗大嚼图"之类的各种贫嘴贱舌;史湘云豪迈,喝醉酒大石头上就躺着睡着了;贾探春脾气大,发怒了能一个大嘴巴扇上去;王熙凤会说笑话,嘴快人爽利。

这四个人都算不上符合时代标准的大家闺秀、公府小姐或媳妇,但是她们活出了生命的另一种惊喜,当所有人都认为她们应该这样的时候,她们偏不,这就叫有趣。

在我还是一个不谙世事懵懂无知的 boy 的时候,看到别人给我端了这么一碗热腾腾的鸡汤我一定会气都不吹就一口气干掉,但是现在我已经变成了一个成熟 boy,于是在我看来,**任何一个孜孜不倦地宣扬某种"正确"的人,都非常可疑**,如果嘴贱都能当成有趣的话,那么快收起你那一套自以为是的有趣吧!

什么叫自以为是的有趣?比如开玩笑这件事儿。对于情商比较低的朋友来说，幽默感简直就是一种癌症，这些人喜欢对不熟的朋友甚至完全不认识的人开一些低级玩笑，一旦对方反驳或者生气，她们就会跳脚指责对方玻璃心、无趣、开不起玩笑云云。

认识的一个小资女，本地人，家里条件还算优越，有一个谈了三年多的男友，比较老实，天秤座，正当两人打算步入婚姻殿堂的时候，忽然分手了。

小资女的性格属于那种看不惯就要说、心里藏不住话的人，从小就被家里宠着，和天秤男在一起之后一直有那么一点点不甘心，依然抱着可以遇到自己心中理想的白马王子的希望，而他们在一起这么久的主要原因还是天秤男对小资女百依百顺。

但是小资女作啊，隔三差五就要搞一点事情出来，每次都是半开玩笑半认真地说天秤男家里事情太多、赚得少、一根筋等等。

在一次朋友聚会上，小资女又当着一众朋友的面嘲讽天秤男，说前男友现在都开特斯拉了，连公司的前台日子都过得比自己好，如果当初没有分手，现在也不至于跟一个木鱼脑袋一起。终于天秤男忍无可忍，摔门而出。

结果小资女爆发了，吼道："说说你还不行了？开玩笑都不行？"

最终俩人就这样分手了！

小资女跑来让我评理，我说你活该吧！

总爱说别人"开不起玩笑"的那些人只是想借机掩饰自己的没教养罢了。你自以为是的有趣和幽默，换作是谁都受不了啊。

还有一个朋友，也是嘴毒情商低，是大家公认的灭 high 王。

你想买一个好点的包，她就说那个牌子的包假货多又老气；你想买一件新风衣，她就说你穿风衣像跪着，还不如多买点书提高一下自己；你说你跟对象最近在闹矛盾，她说没有不偷腥的猫……于是后来你再也不主动找她说话了，买了新东西也不再和她分享，可是你以为这样就能躲过她自以为是的幽默吗？殊不知，她每天都密切关注你的朋友圈，你有任何新动向，她都能第一时间站出来打击你：这个地方我早去过了没意思；这家的东西又贵又不好吃；这个颜色不适合你。

这种朋友，你说她人坏吗？不坏。心眼多吗？也不多。她或许对你还算不错，但她总是让你扫兴，把嘴贱当有趣，把毒舌当幽默。

这样的朋友，谁不讨厌。

真正的有趣，是有门槛的，不是你随便在朋友圈发一个"我要变成一个有趣的人"就能立刻获改变的，这跟读多少书、挣多少钱没关系，而是跟教养和素质有关。

**真正的有趣的人，在与别人相处的时候，懂得对方的底线在哪里，而不是不经大脑开了一个特别不合时宜的玩笑之后，自己抱着肚子在那里咯咯傻笑，还责怪对方玻璃心。**

如果这是你所谓的有趣，那我希望你先变成一个识趣的人。

## 远离那些用嘴干活的人

昨晚我做了个梦，梦里我又回到原来的公司。

老板说，今年的大促即将开始，我们不能再墨守成规了，必须紧跟时代发展，哪里有流量，我们就去哪里，你们去联系几个网红，来我们平台做直播，然后把东西卖一卖。你负责牵头，让王德福来配合你，三天之内给我方案。

我一听到要跟王德福一起做项目，立马条件反射跟老板抗议，说老板我不要啊，我不要。但是老板根本不理我，于是我就哭醒了。

早上起来我觉得这件事情很蹊跷。因为我离职已经很久了，并没有项目可做，我也不喜欢网红，不喜欢看直播，觉得"一人我饮酒醉"那种东西挺可笑的，为什么会做这样一个怪梦。

后来我才发现，让我哭醒的，不是公司，不是工作本身，而是某一些讨厌的同事：比如刚刚提到的王德福。

1

为什么会梦到王德福这个人,还得从前几天的聚餐说起。

聚过餐的朋友一定知道,一桌饭大家吃得开不开心,关键不在于饭菜有多好吃,而在于你们聊的话题是什么。就好像**两个人之间的友谊,有时候并不取决于两人的性情是否相投,而在于有没有共同讨厌的对象。**

王德福就是那个每次我和前同事一起聚餐的永恒话题,饭后的谈资,他的故事,配点酒,真的特别下饭。每次聊到他的时候,我们都会笑着狂拍桌子,最后笑出眼泪。

他最大的特点就是能侃!真的是特别能侃的那种。以至于我一度怀疑丫以前的正经工作是不是开出租车的。后来发现,他就是天生的能侃,喜欢吹牛逼,而且是不自知的那种,别人已经受不了了,丫还在那儿说啊说。

按理来说,这种口才的人不去做脱口秀,婚庆主持人啥的真的可惜的,再不济去做 BD 也行嘛,但是偏偏这样一个人,曾跟我一起做了好几年的营销和运营。

2

这可真的是苦了我了。

因为王德福特别能说,从互联网思维到 O2O,从马云的发家史到乔布斯的发病史,从微信公众号的刷量到张靓颖的婚姻,他都能说出个三五八万来,然后呢?然后就没有然后了。

也就是说,他的"活"永远停留在嘴上。

这么说吧:我跟他一起共事了三年,三年前我们一起做项目,本来有一堆礼品要送给参与的用户,当时申请了 1000 份,他的工作就是联系那 1000 人,然后把礼品寄出去。现在礼品还堆在公司的某个角落里,也不知道发霉了没有。

还有一次，我们一起去其他部门开会，那是一个年度的营销会议。公司决定请一些明星替我们这次的发布会站台。

在会上，王德福的表现非常积极，从公司成本一直说到明星效应、粉丝转化，其他部门的人也连连点头表示靠谱。然后让我们部门两天之内出一个营销方案，预算由他们部门承担。

然后这哥们就请年假出去玩儿了，临走时还跟我说，辛苦你啦，我会给你带小礼物的。

我可去你妈的吧。

本来部门人就少，事情就多，而且还碰上了要搞发布会啥的，这人倒好，大谈特谈一番，拍拍屁股跑去日本泡温泉了。

## 3

我不知道你们在职场上有没有碰到过像王德福这样的人。

对 UED 设计说得头头是道，但是从来没有自己做过一张图；在微信公众号的传播方面也像是个资深人士，但是从来没有发布过任何一篇文章；懂程序也懂产品，但是从来没有在业余时间写过几个小程序。

他们初次跟你见面的时候，给你的感觉就是，这人懂得好多呀，什么都懂，但是深究下去你会发现，他们懂的只是皮毛，对很多事物都是一知半解。

就好像当年冯金线说的，我们拿来套用一下：很多事情，标准很难量化，但是有一些的确是有一条金线的，你达到了就是达到了，没达到就是没达到，对于门外人，若隐若现，对于明眼人，一清二楚，洞若观火。

4

这类人,你说他可恶吗?

的确可恶,只会说,但是不干活,跟他一起共事,把你累得够呛,本来应该他做的,全推给你了,而且没脸没皮,活得自在,一有问题,反正这件事情是你做的。

能力是硬伤,态度来补偿。把你气得够呛,再用自己的口才把你哄一哄,你就没什么话讲了,下次事情来了,你继续帮他顶上。

但是这类人活得也挺悲惨的不是吗?

你仔细想一下,那些用嘴干活的人,究竟是怎样一类人,他们的共同特质就是:在公司待的时间比较长,所以是老油条了;可能对工作也没什么期待了,所以混吃等死,拿一份薪水也好;这一类人这公司基本都讨大领导欢心,毕竟没人不喜欢别人恭维自己。

那我为什么会觉得他们可怜?

因为用嘴干活的人,基本都在大公司,小公司风雨飘摇,一个人干好几个人的活,没有办法养闲人,但是在大公司则不同。他们之所以可以在大公司用嘴干活,一方面是自己隐藏得的确够好,会左右逢源,另一方面也是没有办法找到更好的去处不是吗?

这类人被平台和体制保护得很好,但是有一天行业受到冲击,第一批挂掉的就是这类人。

5

远离那些用嘴干活的人吧。

因为我不想让自己的青春消耗在吹牛逼上,也不想让刚入职场的年轻人觉得，啊原来这就是职场，不用学本事，只需搞关系就行了。

也不想让新来的实习生对工作和职场失去信心，因为工作五六年的你，还做着跟我一样的基础工作，这不是我想要的职场人生。

最后，想对那些用嘴干活，在朋友圈显得特别勤奋、特别努力、特别替公司着想的你说，也许你是情场高手、营销专家、段子手、旅行达人、美食小公主、娱乐评论员……whatever。

在我眼里，你的第一身份是我的同事。请把属于你的活干好，谢谢。

## 不要透支你的朋友圈

前几天在朋友圈看到一篇文章，标题叫《那些不给你点赞的人》。

他说自己曾经遇到一种朋友，在其他人的朋友圈中异常活跃，各种评论各种点赞，但是自己发的内容，她却从来没有留过言或者点过赞。

于是，脆弱的玻璃心，碎了一地。

有朋友把这篇文章发给我，问我怎么看，我说朋友之间的友情本来就不是靠点赞维系的呀，而且为什么她会在别人的朋友圈点赞评论，单单就跳过了你？要不就是你俩的关系不行，要不就是你发的东西有问题。

他说要是朋友间的关系本来就很淡，就不会在意对方是否给我点赞了。我说，那就很容易理解了，你过度透支了自己的朋友圈。

**当一个人无限制地刷屏，发布一些对他人来说没有营养的内容，就很容易引起他人反感，这种行为就叫透支朋友圈。**

1

我曾经写过一篇文章，《朋友都死在了朋友圈》。

假设一个人天天在朋友圈发一些感伤语录，那么她一定是个文艺多情的人吗？假如她天天发美食、发各色偏僻的小吃店，她就一定热爱生活热爱美食吗？假如她晒名包、名车或周游世界的美图，她一定有钱又有时间吗？

　　答案很显然，并不是。她展示出来的，只是想让你看到的那一部分。

　　于是，我们忍不住会问，微信朋友圈的诞生，是促进了人们的了解交流，还是增加了人群的分裂与对立？

　　要不是朋友们在朋友圈针对某些事情发表了自己的评论，你压根猜不到原来熟悉的朋友，跟自己的三观相差竟如此之远。

## 2

　　相信每个人在朋友圈中都遇到过代购。

　　每次刷朋友圈都会有一种感觉：一段时间没见的朋友，怎么说做代购就做代购了，不是卖面膜就是卖衣服，而且一周七天，一天刷800条状态，每条状态都9张图，全年无休，无限制地发布自己的商品信息。

　　说真的，有时候我真的挺佩服这类人，像我们这种脸皮比较薄的就做不了朋友的生意，更何况我总会担心，过度地发信息会不会干扰到朋友的生活。

　　朋友圈中有代购，就好比家里的后院多了一根电线杆子，上面贴满了狗皮膏药，无论你什么时候打开，都能看见他们的身影。

　　这样的刷屏行为，不仅透支了自己的信用，而且还失去了本来就不多的人脉资源。

3

还有一类是天天晒娃的。

最招人烦的是那种一天发十几条，每条九张图不说，每张都是一个姿势，一个表情，而且还有直播拉屎撒尿的，一坨屎要分六个角度拍。

他们配的文字会是：宝宝，你真棒，终于拉出健康的黄色便便，心疼死麻麻了，答应麻麻以后不要乱吃东西了好吗？

可气的是，你经常能在饭点看到这样的内容。

当然朋友圈是自己的私人领地，想发什么就发什么，别人也管不着。但是晒娃也有诀窍，晒得好大家会觉得宝宝好可爱啊；晒得不好，就是分分钟友尽的节奏。

"大姐，看了你家孩子的照片，我终于找到了我为啥不想结婚不想生孩子的理由了呵呵。"

4

除了代购和晒娃，其实还有很多其他令人不解的内容：

成龙一年要死几百遍，本山大叔又摊上大事了，马云每天都有很多话要对年轻人讲；

吃五个猕猴桃能治口腔溃疡，吃五个梨子能治好感冒，吃五个香蕉能治好便秘，吃五个大蒜能防止性骚扰。

WiFi 有辐射会致命，拉面有拉面剂会致命，帅哥多看你一眼你就会突然失去知觉，醒来你就少了一个肾。

每天翻一遍朋友圈的感受，就像看了一集八点档狗血剧。

"大姐，不是我不想点，只是我担心给你点完赞，我的智商就保不住了。"

5

现在的朋友圈已经变成了一个社交场所，每个人都加了几百上千个好友，有的人加完之后却从来没说过话，有的连怎么加的都忘了。

在这样一个关系繁复的圈子里，最好能把朋友圈分组，不然一天到晚发一些丧心病狂的信息谁也受不了，毕竟你也没有自己想象中那么多朋友，过度消费自己的朋友圈，就是在透支自己的人品。

发展到最后，可能连结婚生娃这样的内容，都没有人给你回复了，是不是有点太凄凉了？

人生如白驹过隙，且发且珍惜吧。

## 别不好意思拒绝别人

觉得自己受到了莫大委屈，于是我在微信上跟朋友说，对不起，这个忙我不帮了。

倒不是对方的请求超出了我的接受程度，只是我如果不果断拒绝，在对方看来那就是含含糊糊的答应，最后就会把自己搞得特别麻烦。

有时候情况就是这样：一旦你给人形成一种人很随和、朋友很多的形象，就会源源不断地收到请求，要求你帮这帮那，有的是让你帮忙转发他们公司的广告，有时候是让你给他们家小宝贝点个赞。

所有问题的关键在于：你是一个好人。

当有朋友发来求助信息的时候，你既不会拉黑这些人，也不会向他们抱怨。你是一个好人，而他们是你的亲戚、朋友、同事、熟人。你张不开嘴，你抹不开脸，你只能默默承受。

这当然是不对的。原因有两点：

1. 任何一个体面的人，都会特别吝惜自己开口的机会。人和人的情感交际相当于一个银行账户，你从我这里索取了一笔，那么下一次你需要从其他地方给我补上这个缺口，如果你一直不还上这笔费用，那么你的信用等级在我这里就会变成负分。没有人会傻到一直付出而不问索取，但凡你所谓的朋友还把你当作朋友，都不会肆意消费你的善意和能力。

2.任何理直气壮寻求帮助的行为，都不应该纵容。这个世界没有那么多理所当然，谁和谁都互不相欠。如果有人因为你拒绝她的请求而对你产生不好的评价，那么也就证明，你不帮她，是对的。

现在你应该明白了：如果你在朋友圈里总是碰到一些一直让你帮忙转发或者点赞的人，与其说他们认为你是一个好人，不如说他们觉得你是一个傻瓜，还有那些让你随便画个图、设计个草稿、写个文案的大多如此。

为什么会出现这么大的偏差？我指的是你跟朋友在同一件事的理解上。在你朋友看来，需要你帮忙的不过是一件特别顺手的事儿，你英语八级嘛，这个论文大致帮我翻译一下就行，你做策划的嘛，这个广告文案随便帮我写一下，你是美工嘛，这个图帮我差不多画一下。

对我来说，翻译一篇论文，写一个广告文案，画一套设计图，需要花费的也许是一个下午的时间，而这一个下午我原本可以看一场不错的电影，读本好书，甚至睡个懒觉，我为什么要舍弃自己的私人时间帮你做事儿？也不仅仅是时间上的成本，喂，我画一个设计图不需要费脑子啊？我让我们家狗来帮你画好不好？

我们不愿意承认的事实就是，同样一个时间段，耗费同样的精力，我做任何一件其他的事儿都可以获得更多。我有意避开了这么功利的想法，很大程度就在于我看重我们之间的这一段关系。我答应做这件事情，也是因为出于朋友之间的情分，当然我希望你知道这一点，以及背后我舍弃的这一些。

明白了以上这些之后,我刚刚去翻了和一个微友之间的聊天记录,发现我们之间基本没有良性互动,加了好友完全只是因为他知道我在哪里工作以及我在运营一个微信公众账号,他加我好友的目的仅仅是在于,当他需要我的时候,可以方便地找到我。

我们没有讨论过任何彼此的工作,也没有分享过生活中的喜怒哀乐,当然他也没有转发过任何我的文章。

翻完记录之后,我就把刚才那个朋友拉黑了。一想到他下次再找我帮忙的时候,就会出现"需要好友认证"的消息,我居然有一种变态的虐心的欲罢不能的快感。

所以现在,你也可以毫无负担地拉黑那些总是找你帮忙,而当你有了需求的时候他跑得比谁都快的人了,不用顾及情面,也不用考虑关系,因为这些人迟早都会失去社交圈,你只不过是点了一个快进而已。

**别不好意思拒绝别人,反正那些好意思为难你的人都不是什么好人。**

嗯,我就是自私!

## 不要为了掩饰自我而旅行

当我再一次站在大昭寺广场前,看着人来人往的景象时,忽然产生了一种复杂的感情。

八廓街上煨桑的香烟缭绕,寺庙门前有很多人在朝拜,广场上攒动的大多数是身着名牌户外装备、戴着墨镜扛着相机的游客。他们欢笑,他们拍照,他们不会放过每一个可以展现自己的瞬间,他们如此自由不羁与洒脱,以至于给我一种不真实的感觉。

下午三点,正是一天中阳光最强的时候,广场上到处都是游人,这种景象其实并不稀奇,在每一个景区都能见到。但是如果此刻的你跟我一样,没有工作,没有存款,没有对象,没有出息,那么事情就要复杂一些。

这样的对比和落差犹如阳光一般刺眼。但是请相信,你所看到的一切都不是真的。

什么时候,旅行开始在年轻人中风行。各种电影电视剧开始推崇说走就走的旅行，机场候车室专门开辟了旅行书籍专柜，各种文艺小店客栈开始鼓惑人们做自己想做的事。

旅行一下变得如此重要，好像一辈子如果不去过几个远方，就觉得生无可恋。

关注青年旅社墙上的每一张告示，对每一个经过的人微笑，点头，关心院子里的肥猫和小狗。我不再是那个羞于表达自己或困顿于繁琐人际关系的普通人。

旅行就是有这种魔力，帮你暂时把忙碌的生活搁在一边，让你以为这就是生活的全部。

奔波与劳累填满了路程，没关系，谁知道呢，出来旅行，不就是为了拍几张照，PO 到朋友圈等着赞吗。我不在意人家怎么看我，我是陌生的，是自由的，我伪装出来的我是完美的。旅行，是如此有诱惑性，以至于我都忘了自己的身份，是个 loser。

昨天晚上在酒吧里遇到了一个姑娘。听说我们明天要开车去纳木错，问能不能搭车。她说这是她第三次来拉萨，她喜欢落日下的布达拉宫，喜欢玛吉阿米的酸奶蛋糕，喜欢旅途中的每一个未知，喜欢在每个日落之后的夜晚，在异乡的酒吧点上一支烟，微微的火光让她感觉很温暖。

可是当她得知我们开的是国产小轿车的时候，她表示还要在拉萨多待几天，要写一大堆明信片，为每一张明信片盖上西藏的邮戳，寄给全国各地的朋友。她说纳木错她已经去过好几次，并祝我们好运。

我告诉她旅行最重要的是过程和目的地，而非来去用的某种交通工具，如果没有真正欣赏世界的勇气和眼光，哪怕坐着宇宙飞船，也无法感受整个宇宙的辽阔和银河的壮美。而事实上，我们一路开着小车从北京出发，顺利抵达拉萨，领略了沿途风光便已足够。

高晓松的母亲曾经说，生活不只是眼前的苟且，还有诗和远方。

生活就是适合远方，能走多远走多远；走不远，一分钱没有，那么就读诗，诗就是你坐在这，它就是远方。这句话多半具有迷惑性。

我们都向往远方，我们都知道善良、勇敢和真诚是好的。

但我们依然做不到。

人生最悲催的，是戴着面具上路，在旅途中伪装成自己最想成为的那种人，而在现实生活中却逐渐成为了自己最讨厌的那一类人。为了逃避现实伪装自我的旅行不过是一剂麻醉药。

醒来之后，一切都于事无补。

## 请在职场上收起你的玻璃心

前几天收到一个读者的留言,问我最近还招不招人,他想换个环境。我让他把简历给我,看过之后吓我一跳,毕业不到一年,已经换了三家公司。

我问为什么。他说,在第一家公司不被重视,老板太无能,第二家公司的同事太奇葩,经常给他穿小鞋,第三家公司离家太远,每天打卡快崩溃了。

一开始我听得还挺带劲,后来越想越不对了,谁在工作中没受过气啊?

每天准时出勤上班,拿到任务做出业绩证明自己的能力,难道不是每个人的工作常态吗?公司本来就是一个强调社会性而不是个性的地方,真的没有必要苦大仇深。

1

是的,我曾经在《马总,阿里的价值观该更新了》这篇文章中写道,现在有很多公司对待员工的方式,感觉像是对待心智不成熟的未成年人,搞得很多人每天去上班之前都需要给自己做心理建设。

可是我发现，其实并不是那些公司的价值观有问题，问题出在部分员工身上，他们对待工作的方式就像是一个心智不成熟的未成年人。

要么整天想着如何和领导同事搞好关系，要么就是能力低下，还经常在办公室叽叽喳喳抱怨自己最累最苦。然而职场的本质，是为公司创造价值，如果没有能力取得好的结果，那么其他的都是扯淡。

大多数职场新人一定都在工作中遭受过辛酸和委屈，但是你们已经长大了，就要懂得克制自己的脾气和情绪，如果做不出业绩，才不会有人会在意你的心情好不好。

**至于靠迎合别人来巩固自己的职场地位，那是弱者最喜欢做的事情。**

2

我见过有的人因为脑子太活跃一年换三份工作，也见过有的人能力平平，在一家公司一待就是好多年，混吃等死，最后就算公司倒闭了也找不到新工作。

这两种人都不明白自己究竟想要什么，前者不懂得坚守与隐忍，后者不知道进阶与提升。

去年马云给全体员工发的信里说过一句话，让我印象深刻：聪明的人都离开了阿里，只有笨的人成功了。

这句话的本意是指，那些做事专心的人，做着做着就成功了；而世人所谓的聪明人，只看眼前的利益，中途就离开了。

我更倾向于相信前半句，做事情需要傻傻地坚持，但是也要坚信池浅养不了大鱼，庙小留不住高僧。很多没有离开的人，未必不想离开，只是能力还不足以让自己有更好的去处而已。

3

职场上还有一种人,他们个个看上去都很勤奋。

每天按时打卡上下班,对待工作认真负责,领导交代的事情第一时间完成,自己也觉得自己真是踏实肯干的人,感动得一塌糊涂。

但是下班之后,不是看综艺节目就是聊八卦,或者想着周末去哪儿玩,脑子不会再想工作上的事儿。

然后悲剧了,公司要裁员,第一个名额就降落到了自己头上,于是开始控诉不公,为什么是我,我那么努力。

但是亲爱的,你也只是看起来很努力罢了,这个世界上没有人在乎你是否真的努力,他们只在乎你有没有做出他们想要的结果。

你很努力,但你没考上大学;你很努力,但你的文章依旧写得很烂;你很努力,但你做的工作其实谁都能做,如果去找一个实习生,工资只是你的一半,工作却做得跟你一样,你说作为老板,他会怎么选择?

简单来说,**一个人在公司的地位待遇并不是工作量决定的,而是他的不可替代性决定的。**

如果一个已经工作了五六年的人,还和新来的实习生做着一样的基础工作,并且整天用冠冕堂皇的勤奋来麻痹自己,那我能想到的只有一个字,惨!

遇到这样的员工,就像是玩击鼓传花,谁遇到谁都想甩,不承认就是不客观。

4

道理很多人都懂,但是真正能在职场上实现自我价值的人却少之又少。

大部分时间,我们心里很清楚哪种选择是对的,会对未来有帮助。可我们却并没有这样做。原因很简单，It was too damn hard。

好像电影《闻香识女人》中的经典台词：如今我走到人生十字路口，我知道哪条路是对的，毫无例外，我就知道，但我从不走，为什么？因为妈的太苦了。

人们喜欢不劳而获，希望用最少的付出换得最多的回报。于是我们更愿意选择那条看起来不那么好，但感觉轻松的路去走，就像电影中的史法兰。

5
可这世界上哪有不用付出辛苦就能换来的自由？

我从未见过有哪一个早起勤奋的人会抱怨命运不公，也没有见过一个认真负责努力好学的年轻人会一直没有机会。

如果没有说走就走的资本，那么就请收一收自己的玻璃心，先证明自己的价值。

说到这里，我又想起曾经流传于网络的一个段子：

你第一份工作是在事业单位，看不惯同事们钩心斗角，辞职去了外企。可你发现那里一样充满阶级斗争，大家为了生存都在卖力演出。你不想跟他们一样伪善，辞职去了一家国企，却发现少说话少揽事儿是最稳妥的工作方式。你后来去了私企，又发现公司管理存在太多问题。其实这些经历只是说明，你不适应这个社会。

# 为什么我不推荐你读名著？

经常有朋友会问，社长你最近在看什么书？或者你看书有什么技巧吗？今天给大家分享一些我看书的小贴士。

俗话说，你现在的气质藏着你读过的书、走过的路、爱过的人。这句话真的非常有道理。希望大家都能在书中找到自己的归宿，谈恋爱不如阅读。

## 01 "不要盲目迷恋名著"

我曾经也是一个名著控，书架上放着《百年孤独》《约翰·克利斯朵夫》《古拉格群岛》《不能承受的生命之轻》《瓦尔登湖》……当别人说起文学的时候，总感觉自己如果没有读过马尔克斯、博尔赫斯、罗曼·罗兰、托尔斯泰、克里希那穆提，就显得自己特别没有文化。

经典能够流传下来，当然有它的道理。

但是看书讲究循序渐进，如果没有一定的生活阅历去支撑，一上来就开始读什么经典、巨作、大牌，很容易让人丧失阅读的乐趣。有些书不是不好，只是还没到你可以看的时候。

所以我一直觉得让中学生看那些经典巨作是一个坑，什么中外名著必读、什么名家推荐100本之类的，看的时候完全没有代入感，即使很艰难地读完，也无法消化。只能说是浪费时间。

## 02 "不要盲目迷恋畅销书"

土鳖图书处处有，国内网上特别多。

牛逼的图书各有各的牛逼之处，但是土鳖的图书都是相似的，比如网络畅销书。

网络畅销书的最大特点就在于：肤浅！这些作者最拿手的本事就是：给自己树立假想敌，把无病呻吟当作励志语录，把矫情鸡汤当人生哲学！

这类图书的受众读者是：热衷于幻想，心智不成熟，喜欢自我标榜的年轻人。因为他们都喜欢在不需要人生历练和深入思考的情况下就能获得无病呻吟的感慨。

这类图书看多了的危害是：你没有办法进行深度思考，也很难再静下心来好好阅读。人际交往上遇到什么事情，脑海中立刻就能出现一套自媒体老师给你的公式去解决生活中的问题，但是她们并不会对你的人生负责啊亲爱的。

网络畅销书可以读，但是请选择一些优质的畅销书。事实上我每隔一段时间就会买一批网络作家的书，主要是为了保证自己的语感可以跟上时代，毕竟网络作者的用词都比较鲜活。

## 03 "少看一些励志成功学"

多读书能帮助你成为一个有趣的人，这只是一种可能，我见过很多自称喜欢读书的人都是挺无趣的，就像那些天天看成功学的朋友，很多都没有成功一样。

很多人看书讲究"功利"，这没什么不对，但是你不可能期望你看完一本书之后就可以立刻收获什么，如果是这样，我倒是推荐你看一些实用的可以具体地学到一些技能的书，比如《母猪喂养技术》《拖拉机维修与保养》《如何提升搬砖技能》。

看书是一个潜移默化的过程，我更希望你去多读一些无用的书，不是因为这本书有多大牌或多经典，也不是因为这本书是哪个成功人士写的，而是因为当你合上书本的时候能觉得时间没有白费。

廖一梅在《像我这样笨拙地生活》里说：但哪个人的生活不是由秘密和谎言堆积而成的，巧妙地度过一生又有何意义？不过是辗转腾挪的生存技巧。

人生不用过得那么精明，更何况阅读？

## 04 "读了20页没有感觉的书，请扔掉！"

一本书如果你读了十几二十页，依旧完全没有感觉，那就没有必要再读了。

千万不要因为别人都说好看或者这是本名著这样荒唐的理由来强迫自己继续下去,即使你花了三个小时读完了,也只能说你浪费了三个小时。可能你会诧异,为什么大家都觉得好看的书,我看了却完全没有感觉,或者这明明就是王小波的书啊,为什么我看不下去?是不是我的智商有问题?

亲爱的,不要怀疑,不是你的问题,也不是书的问题。你很好,书也不错,只是你俩不搭,所以没有必要自责,去找一些符合自己品位的书吧。爱马仕的包包也不是谁拎都好看。

## 05 "这本书你早看过了?关我屁事!"

当我们买了一本什么书,发朋友圈的时候,经常会收到这样的留言:这本书我上中学的时候就看过啦!你居然现在才读王小波/刘震云/余华?等等……

可是,你看过关我什么事儿啊?你觉得你看过很了不起吗,不知道你真的明白其中的道理没有。

读书很容易催生傲慢,也不知道是谁给了这些人勇气到别人的地盘大放厥词,梁静茹吗?

看书又不是赶头香,你看过就看过呗,有本事心平气和跟我分享你的读后感、你的收获,而不是居高临下跟我说你看过了。看过又怎样!

就像我最近才读了刘震云和苏童的书,这种事情我会乱说?别告诉我你早就看过了,我不听我不听我不听。

## 06 "买了书之后不看,没毛病!"

有句话怎么说来着?

买书如山倒,看书如抽丝。

经常会有朋友跟我抱怨,前几个月因为电商网站图书打折,于是买了一大堆的书,可是到现在基本没怎么看。

我自己也是这样。每次有图书打折,我都会乘机买一大堆名著,比如比较贵的全套,平时舍不得买的那种,然后放在书架上,心情好的时候拿出来翻一下,心情不好的时候,看到书架上放这么多书也会变得心情好。

谁规定买了书,就一定得看完呢,只要心理上可以获得满足就可以了。

我觉得书籍可以像花瓶和壁画一样,变成家里的一种装饰。所以,买书不看,没毛病!

## 07 "提防书上的腰封"

每次买书回来的第一件事,就是直接撕掉腰封,看都不看。

好吧,其实第一件事是撕掉书外面那层塑料纸,然后再扔掉腰封。

最近几年的图书市场盛行腰封。腰封有什么用呢?主要是给作者撑门面的,尤其是这个作者知名度一般的时候,出版社或作者就会请一些名人来给这本书站台,做一个联合推荐,表现得这本书有多么多么牛逼。

提醒大家,在买书的时候与其看什么腰封推荐,还不如去豆瓣查一下这本书的评分,低于 7 分的基本就没有看的必要了,除非你特别喜欢这个作者。

腰封总让我想起那些过年过节时人家送来的礼盒，包装很精美，但是一打开，妈呀，除了包装和分量少得可怜的食物，剩下的全是用来撑大体积的泡沫塑料。

## 08 "学会做笔记"

我知道你的微博上已经有无数 MARK 了，你的微信收藏夹里也有数不清的深度好文，但我还是希望你能养成做笔记的习惯。

当你捧着一本不错的书，被文章的结构、作者叙事的方式，或者一个句子逗乐或吸引的时候，希望你能稍微停一下，用笔把这些记录下来，如果你舍不得就此停下来，那么不妨先在这页折一个角，等阅读完全书的时候，再去把折角页的语句记录下来。

这只是第一步，过段时间回过头重新翻看，如果确定自己已经消化，或者也能熟练使用这样的语句，再把这个折角抚平。

你可能会问，这样做有什么用呢？

那么，看书又有什么用？就好像你吃过的饭、喝过的水，都会在之后的岁月里，变成你的骨头和肉，让你拥有更好的身形和气质。

## 09 "看书最佳的时间是清晨或者深夜"

并没有什么科学依据，是我个人体会。

清晨起床或者夜深人静的时候，是一个人脑子最清醒的时候，尤其是清晨，你刚刚睡醒，大脑就好像电脑重启了一般，CPU 使用率处于 ZERO，记忆和理解都是满格，你不会被手机和各种信息所干扰。

很多人跟我抱怨说，上了一天班，下班之后真的很难再读进去书啊，或者真的没时间读。其实你不是没有时间，只是静不下心来，太浮躁了，很容易被其他因素干扰。比如只要你一捧起手机，时间就过得特别快，刷刷朋友圈，刷刷微博，看看八卦，一会儿就到了深夜十二点。

所以说，虽然很多年轻人晚上不加班也不看书，不谈恋爱也没人聊天，但他们却总在熬夜，呵呵。

这种时候，我建议你先读一些比较轻松的散文或者杂文集，不需要太动脑子的那种，先把阅读的习惯培养出来。

## 10 "寻找同道中人，同类书单"

很多年轻人都比较迷茫，不知道看什么书，也不知道去哪里找书单看，但是自己的求知欲望又比较强烈。

我的想法是，你先看起来，随便看什么类型，先不要急着给自己定范围。看完一圈之后，再确定自己到底对哪一类书比较感兴趣，然后细读。如果你有喜欢的作者，那么他推荐的图书你不妨再看看。比如你喜欢读王小波，那么王小波推荐的作家比如卡尔维诺、乔治·奥威尔、罗素、杜拉斯你都可以找来其作品看看。

以上十条就是我个人的读书心得，希望对你有一点点帮助。

## 旅行是看清一个人最好的方式

离假期结束还有两天,我的朋友刀刀就从加德满都滚回了杭州。

我疑惑,你们原本不是计划今天去博卡拉徒步吗?昨天我还看到波波在朋友圈发照片说美翻了,想一直待在那儿,还要去博卡拉徒步、跳滑翔伞,怎么突然就回来了?波波是刀刀的女友。

刀刀说,哎呀我就靠了!跳他妈啊!

后来一问才知道,原来两人在加德满都吵架了。

"该做决定的时候不说话,一旦出现问题了,脸色就立马变了,全程唠叨不停。"刀刀在电话里跟我抱怨他的极品旅伴。

昨天又因为去博卡拉的问题发生了分歧,波波的想法特别多,但是又提不出什么好的建议。于是刀刀一气之下当场买了一张机票,连夜从加德满都乘机回到了杭州。

"这种人凭什么拿我当保姆!"刀刀又更新了朋友圈,说再也不跟这种情商低的人去旅行了。

1

我想起很久以前在网上看到的一篇文章,《成田分手》。

据说在日本,很多新婚夫妇蜜月旅行回来之后,就会在成田机场分手,所以恋人在结婚之前至少应该共同旅行一次。

这句话的原版出自《围城》,赵辛楣说:"结婚以后的蜜月旅行是次序颠倒的,应该先共同旅行一个月,一个月舟车仆仆以后,双方还没有彼此看破、彼此厌恶,还没有吵嘴翻脸,还要维持原来的婚约,这种夫妇保证不会离婚。"

说得简直太有道理了,旅行是看清一个人的最好方式。对方的性格如何,脾气好坏,遇到问题是否懂得解决,是否体贴会照顾人,这些问题在旅行中都能得到解答。

2

几年前我和朋友去了尼泊尔。

从拉萨坐了一夜车到樟木口岸,第二天下午抵达加德满都,入住泰米尔区的一个青年旅社,放下行李,我们打算去杜巴广场转转,一出门就在旅社的花园里碰到一对中国情侣,于是相约一同前往。

在路上走了十几分钟,一场大雨就突然降了下来。那雨有多大呢?感觉像是有人在楼上拿着脸盆往我们头上浇水一样。我们四个人就立刻冲到不远处一幢旧寺庙里躲雨。

然后那对情侣中的女孩就开始劈头盖脸地抱怨起来,其实不是抱怨,而是直接开始骂她的男朋友,说他脑子进水了,本来应该在酒店休息的,天气看着就像要下雨,智商太低,这趟旅行没有一件事情是做对了的……

而与我同行的姑娘不知道什么时候从包里拿出了一本数独游戏书,邀请我一同参战。玩得太投入,我都不知道雨已经停了,重新出发的时候还觉得意犹未尽，相约晚上回酒店继续。

不禁感叹，同样是一段等雨停的经历，有的人就比较善于在旅途中自寻其乐，而有的人却总是放大丑陋，发泄自己的负能量。

好好的一段旅行，就被坏脾气毁了！

3

韩火火说：好的爱情，会让你变成孩子。

衩姐说，不好的爱情，会让你变成婊子。

这两句话，其实搬到旅行上同样成立：好的旅伴会让你变成一个孩子，坏的旅伴会让你变成一个婊子。

在旅行时，任何鸡毛蒜皮的小事都会被上升到哲学高度：吃不吃当地的风味小吃，要不要半夜爬到山顶等着看日出，去郊外的菩萨庙是打出租还是坐公交？

出现分歧的时候，如何解决？

如果你的旅伴是一个情商特别低的人，肯定问题一出就不会有好脸色，然后会说出一些丧气的话，"我早就说这样不行"，"早知道就不跟你一起了"，让人觉得错误完全是由别人造成的，而且还得安慰他/她。

情商高的朋友，自然会选择既来之则安之的态度，尽量不给别人添堵，寻找解决问题的办法，说不定麻烦也会变成另一种乐趣。

4

曾经有人问我，为什么总是独来独往？

其实倒不是真的在刻意追求某种自在，而是相比起逼频不符地捆绑在一起互相迁就互相拖累互相猜测，我更享受一个人的独处。

无论是选择旅行旅伴，还是选择同居室友，抑或是选择谈恋爱或结婚对象，其实都一样。也许你未必在意对岸的风景到底有多美，远处的雪山有多高，海有多宽。**你快不快乐，很大程度取决于站在你身边的那个人是谁。**

好的旅伴会有一种化腐朽为神奇的力量，哪怕遇到恶劣天气，吃的是馒头泡面，也会让你感到人生幸福知足；而有的人，跟你在一起走过一段路，只是为了排遣自己的孤独，为自己找到一张车票和饭票，他们不是来陪你看风景的，而是来给你制造麻烦、增添风雨的。

在你无数次被激怒、无数次无语凝噎、无数次想掐死对方之前，先被自己活活气死了。

5

海子说：你来人间一趟，你要看看太阳。和你的心上人，一起走在街上。

祝愿大家都能找到可心的伴侣，如果找不到也没关系，因为只有当你真的撇开身边那些噪音的时候，才能看见最好的风景。

Part. 05

你连想都不敢想，怎么去改变

Don't

Show

Off

Anymore!

## 马总，阿里的价值观该更新了

朋友圈又被马云的最新演讲刷屏了，他说："加入阿里巴巴，我们不承诺你会发财、成功、当官，但是我们承诺你会很倒霉、很受委屈。"随后，他还说最讨厌那些天天说公司不好，却还留在公司里的人。

朋友们问我怎么看？我说能怎么看？你们有没有觉得很多公司对待员工的方式很奇特？感觉像是对待心智不成熟的未成年人。先给你打鸡血，再给你喝鸡汤，搞得每天上班都像是去受气。

可是谁也不是受虐狂啊，如果每天去上班前都要给自己做心理建设，那么和去监狱还有什么区别。

还有那些总说公司不好还留在公司里的人，他们才不是最可怕的，最可怕的是那种整日赞美公司却在暗中拆台、深夜晒加班向领导邀功和对上唯唯诺诺对下狐假虎威的，他们在公司升得快，毁坏公司价值也最厉害。

1

时代变了,公司的价值观也该与时俱进。如今的企业家和公司再也不能用过去的管理套路来对待现在的员工了。

我们的父辈一直教导我们要守规矩,在他们那个年代,工作是有专人负责分配的,没有太多选择,能拥有一份工作已经无比感恩戴德。但是现在呢,没有哪个年轻人会想做一块沉默不语的砖头,哪里需要往哪里搬,四四方方,各种适应。

和菜头在文章《放开那些员工》中说到加班的事情。

领导要70后去加班,70后就去加班,和水牛一样驯顺。和80后说加班,事情就要复杂一些。和90后说加班,90后说贵公司是不是疯了?怎么一点都不好玩?对不起,我要辞职。

然后70后把这件事情默默发到微博上去了,说"请大家评价一下这样的公司",80后看到了狂转狂骂。最后剩下你一个人,孤零零地站在场地中央,振臂高呼:要有感恩的心。

时代不同,员工也会不一样。70后敢怒不敢言,80后敢怒敢言,90后懒得理你,不爽拔腿就走。这是一个从螺丝钉变成活人的过程,没人能阻挡。

2

洗脑的方式已经失灵,通过正能量传播画饼让员工卖命的时代过去了,或者说这样的方式对于大企业将不再适用。

90后比我们想象的能吃苦,更有个性。他们是否愿意承担一项工作很大程度上取决于工作本身好不好玩，谁跟他们一起共事，以及完成的结果有没有人认可，而这一点的重要性要远远高于他每个月领到的薪水。

前段时间跟几个朋友吃饭，他们都是杭州一家做旅行项目的公司的创业者，1990年左右出生的年轻人，大学毕业之后凭借着一股冲劲一直干到现在，没有任何BAT背景，现在每个月流水几百万，做得风生水起。

他们租了一座大别墅，有一个花园，花园里有秋千，养了一条狗，办公场地放在客厅，房间拿来做会议室，还有小型电影院，不忙的时候在楼下煮火锅，在院子里烧烤，忙的时候，深夜还会开会头脑风暴接下来的项目，想着如何把达人选题内容做好。

这样的员工是很难撬走的，即便有公司给出双倍甚至三倍的工资。离开了这里，他们很难再找到这样一群志趣相投的同事，其次，就算你每个月多给我2000块钱，那还不如我自己写的内容突破N个十万+。

金钱已经不再是唯一那个能吸引员工的诱惑了，有时候甚至连最重要的都不是。

3

至于说到委屈和倒霉，我觉得这就像挫折和苦难一样，都不应该被称赞和崇拜，除非你有受虐倾向。

倒霉是财富，这话是扯淡，倒霉就是倒霉，倒霉本身除了给你带来沮丧之外什么都没有。

对倒霉的思考才是财富。

想要激励员工，让员工成长的路子有千万条，倒霉和委屈可能是最奇葩的一条了。

我想起之前工作过的一家公司,老板为了强迫大家加班,所有人每月的工资都只发 80%,剩下的作为绩效,只有每个月加班时间足够长才可以领完 20%。于是我委婉地提出离职,理由是觉得公司文化和理念跟我不太合拍,老板一听立刻摆出一副恨铁不成钢的样子,厉声喝道:你这种年轻人!就是贪图享乐不懂奋斗!动不动就说要享受生活!我跟你讲,想当年,我……

顿时我脑子里浮现出一个大大的 Excuse Me。

4

那么请你想一想,在一家公司上班,遭遇什么样的情形会让你觉得倒霉和委屈?

企业招聘时满嘴跑火车,进去之后发现我的天上当了?
经常没日没夜加班,然而待遇并没有传说中那么好?
领导只讲权力,不讲道理,听不得不同意见?
同事是奇葩,能力一般,给你穿小鞋?
还是公司乌烟瘴气,无能的关系户太多?

有时候员工不是吃不了苦,而是被工作本身之外的一些乱七八糟的事儿折腾得体无完肤。

叫人身心俱疲。

5

一万个美丽的未来,不如一个温暖的现在。爱情如是,职场也如是。

我们已经听了太多这样的话，今天很残酷，明天很残酷，后天很美好；也会有人对我们说，你只要努力，不要怕委屈，总有一天公司会发现你的好，领导会重视你。

　　但是如果委屈之后还是委屈呢？挫折之后还是挫折呢？是不是我们还没来得及等到太阳升起，就已经变得习惯或麻木了？然后就再也离不开了？我怎么能够相信今天的"忍辱负重"，可以换来一个大好前程？

　　**职场不过是利益的松散结合体，不需要那么多抒情的标榜和粉饰。我们努力工作，就该得到应有的报酬，这才是最实在的价值体现。**

　　毕竟公司是一家商业机构，不是教育机构。

## 如何治疗失眠和抑郁

我妈有很多个可以播放音乐的低音炮！多得我都数不清！大的，小的，方的，扁的，放在客厅，放在厨房，放在卧室……该妇女对音乐的痴迷程度已经到了走火入魔的地步。洗衣服的时候要听，做饭的时候要听，看报纸的时候要听，看电视的时候也要听。忙的时候听，闲的时候更要听。

可惜，审美观不佳是大多数中年妇女的魔障。

"是谁在唱歌……哟，哟，it's me！"

"我从草原来哎哎——温暖你心怀哎哎——"

"坐上了火车去拉萨，看到了神奇的布达拉……"

就是这样，每天晚上我一躺下，脑子里就像被谁设定了单曲循环似的，一遍又一遍响起旋律，无法入眠。

连着失眠了一个星期，我意识到自己不能再和我妈妈朝夕相处在一起了。

于是某天早上我再次在悠扬的草原情歌中醒来时，我告诉自己，今天，没错，就是今天，我不能再赖在家里听凤凰传奇和曲旦卓玛了，我要让自己忙碌起来。

我走到街上发现有一家炒货行招服务员，就进去应聘了。接着我就卖起了山核桃。

需要普及一下，当时我在临安，临安是著名的中国山核桃产地，所以街头巷尾都是卖山核桃的商店，尤其此时年关将近，山核桃已经成为临安人饭前饭后最热门的话题。山核桃呢，是一种落叶乔木，因为具有极高的营养价值和独特的口感风味，已经成为广受欢迎的高档坚果。扯远了，收！

老板是一个身材严重变形裹着碎花棉衣的中年女人！
她问我：你以前卖过山核桃吗？
我摇头。
她又问：你知道现在山核桃多少钱一斤吗？
我摇头。
她说：那你吆喝一声我听听。
我：哎，卖山核桃嘞，被门夹过的山核桃，保证补你的脑。
她：……
沉默。
还是沉默。
终于她说：那你先去后面仓库学学怎么包装山核桃吧。
我点头。
于是我就在一个冻得要死，哈一口就能变成白气的仓库里包装了一下午山核桃。回想起过往峥嵘岁月，再看看脚下的山核桃，当时就有一种领导下乡体验基层生活和微服私访的感觉。

第一天工作结束。这种简单的劳动密集型工作并没有难倒我。回到家除了腰部有点发酸之外，其他都还行，洗漱完 10 点上床，脑子里不再是凤凰传奇，而是今天的山核桃，想着想着很快睡去。

第二天早上 8 点起床，吃完早饭跟我妈说去参加同学婚礼，匆忙出门。炒货行 8 点半准时营业。

老板说：小江，你昨天表现不错嘛，今天继续。

我说：老板，我今天不想坐小板凳包装山核桃了。

老板：那你?

我说：我腰疼……

老板撇撇嘴：才第二天就装病，赶紧的。

我说：真的腰疼。家里没有暖气，我妈给我盖了三层被子，我昨晚睡觉翻身的时候，把腰给扭了。

老板沉默约十秒，说：那你今天补货吧。

所谓补货，就是把昨天在仓库中包装好的山核桃搬到柜台，再放到相应的储格里。

由于昨天在仓库里待了一天，今天回到前方战场才发现，这个炒货行原来还有三个年轻的服务员。于是借此机会和他们聊了聊。过程中得知，三人中一个二十岁，其他两个均十九岁，他们又问我多大了。

我说，二十七了。

三个眼神交流了一下，其中一个特别真诚地看着我说，哎呀你看着还挺年轻的嘛！

所幸他们没有问我之前是干吗的，然后约我晚上去吃 28 元一位的自助火锅。拒之。

晚上7点下班，走路回家，依旧是除腿脚有点酸之外一些正常。接着阿忠电话打来，相约乒乓球活动中心，再杀七局。

铩羽而归。晚上10点沉沉睡去。

第三天早上7点被闹钟吵醒，觉得浑身有点酸疼，关节都僵硬了，有点上学时军训的感觉。缓缓起床，再匆匆赶到炒货行，迟到了10分钟。

老板说：小江，你今天继续补货，昨天表现不错。

我说：老板，我今天搬不动了，我胳膊疼。

老板：（黑线）你怎么天天事儿逼似的。

我说：真的胳膊疼，昨天晚上打乒乓伤了，早上起来拉屎，胳膊都伸不到背后了。

老板说：然后你就从两腿之间……？

我点头！

老板说：恶心！

我：……

老板说：那你今天招揽和接待客人吧。

我点头。

吆喝，迎进门，泡茶，讨价还价，过秤，打包，记账。

忙得跟狗一样，又是一天。

回到家洗漱完上床，一着枕头就呼呼睡去。

忙活了这几天，我得出一个结论：所有失眠和抑郁的人其实都是因为太闲太矫情！如果你搬了一天砖，晚上回去还睡不着，依旧想些乱七八糟的，我叫你大仙！

还有那些家里条件不错的，工作生活也都挺好的，一天到晚唧唧歪歪，嚷嚷着哎哟失眠了，哎哟困不着觉，我建议家人可以把他们送到工地或者肉联厂干几天，如果晚上回去再睡不着，可以过来找我！我带着他们卖山核桃！

昨晚睡得呼呼的，今天精神抖擞去卖山核桃。
老板见了我：哎哟，小江，今天没有哪里不舒服吧？
我说：交关好，交关好！
老板说：早上要搞得热闹点，侬去把音响搬出来，音响放在屋里响。
我说：好的，好的。

三分钟后……
"不要在我寂寞的时候说爱我，除非你真的能够给我快乐……"

## 追逐房价的人生

过去的一周真是热闹非凡。

朋友圈先是被北大天才携妻隐居 20 年的新闻刷屏，接着又被深圳 6 平米卖 88 万的鸟笼刷屏，早上起来一看，好嘛，前几天还在追求闲适淡泊日子的朋友，今天风向又变了，开始像模像样地讨论起郭德纲的反击了。

一帮营销号和段子狗纷纷站队转发，表示郭德纲的文笔太好了！Excuse me？"为文笔转，不为是非"真的好清纯好不做作，跟外面那些只会谈论是非的妖艳贱货果真不一样。

气得我差一点披头散发哭到呕吐。

不过值得庆幸的是，在这个微信时代，热点来也匆匆去也匆匆，专注都会被消解得很快，所以也没人会记得你到底说了啥，说得对不对。

那么，今天就来说说追逐房价的人生。

1

关于房价的讨论，永远不会过时。韩寒在 2011 年的一篇文章《马上会跌，跌破一千》中写道：

我经过松江新城区密密麻麻的新楼盘，销售率是百分之百，入住率是百分之一，我对朋友说，这里肯定要崩盘，这么多房子，哪有这么多人去住啊，五千元一平方米，就是个大笑话。按照老百姓现在的收入，得工作二十年才能买套两居室，等着吧，松江新城区迟早跌破一千元，我预计五百元一平米，到时候我再十万块钱买两百平方米。

朋友说，你说得有道理，我现在买就砸在手里了，我要憋着。谢谢你给我的启发。

然而五年过去，松江新城的房价涨到了5万一平方米。韩寒的这位朋友估计已经跟他绝交了！当然，明眼人一看就知道，韩寒的这篇文章是在讽刺楼市，可遗憾的是房价永远坚挺。

2

2013年我在北京五道口的清华科技园工作。

有一天水木BBS有一条帖子在疯传，公司对面的华清嘉园房价已经突破十万一平方米，28平米的房子挂牌价是300多万，大家纷纷愕然。

"哪个傻×会买这么贵的房子啊。"我同事说。但是，很快，房子就不知道被谁买走了。

那条新闻仿佛是迫使我离开北京的最后一根稻草。下午，我一直在办公室里算啊算，一个月工资一万，除去各种开销，算上年终奖，可能省吃俭用一年可以在北京买一平方米，如果不靠家里，买一套房要用的时间差不多是50年，当然我还得烧高香求乞房价不要再涨，而到那时如果我还活着的话，应该也已经退休了。

现在找对象，姑娘说要找个有房有车的男人，已经不再是不好意思说出口的话。这么一算账，让我觉得害怕，觉得人生没有盼头。

3

2014年回到杭州，那时我对杭州太陌生了，当然现在也搞不清楚杭州到底有几个区，我每天的生活基本就是城西银泰到淘宝城两点一线。

淘宝城在余杭，每次打车去上班的路上，出租车司机总要感叹：以前啊，这里都是农村，两边都是稻田，我们很少来这里的，以前这里的房价也就是几千块一平方米吧，没人买在这里的。

现在你看看，余杭塘路通了，文一西路每天车来车往，小区的房价噌噌往上涨，还开发了很多创业人群小镇、高档社区、联排别墅，周边的配套设施全部起来了。

我朋友说，房子还没造好就已经全部卖出去的情况，只有在中国才会发生。我是土包子没出过国我不太知道，但是我每天上班都会经过一幢烂尾楼，上面的白布黑字让人触目惊心，也不知道是不是老板拿着钱带着小姨子跑了，我知道的仅仅是以前无人问津几千块一平方米的房子，现在涨到了好几万。

有一次带我上班的快车司机笑得合不拢嘴，他们家在这边买了好几套房，租给附近上班的人，"在家打麻将实在太无聊了，对身体不好，不如出来挣点零花钱。"他说。

4

前几天朋友生娃，我和其他朋友去医院看孩子。

吃饭聚会，房子车子和孩子是永远的话题。他们几个这两年陆陆续续在杭州买了房，有个朋友问我要不要买，他们小区有一套不错，两居室，离淘宝城不远，240万，首付70万。

还有个朋友，跟我一样，两年前就从北京滚回了杭州，早早地买了房，当时是 150 万，现在涨到了 300 多万。我开玩笑说："那你还上什么班啊，回家收房租就好啦！"她白了我一眼。

事实上，前段时间我的确考虑过买房这件事。虽然很长一段时间都不怎么关心房价物价什么的，但是总有声音传到耳朵里来，现在不买，永远都买不起了，成功的速度是超不过房价上涨的。

我在想，我一个人住，所以房子不需要很大，我暂时也没有工作，所以选在哪个区域也是无关紧要，更何况我也不喜欢太热闹的小区，但是最好周边得有生活配套设施。

想到最后，我得出的结论是像我这样的人，根本不需要一个写着我名字的房子，就算我能凑齐首付，但是我根本不可能因为一个空空荡荡的格子把自己的后半辈子搭进去，把每个月辛辛苦苦赚来的钱转手交到银行的手里。

啊，这不是我想要的人生。

5

在过去几年，所有人都非常热衷于谈论房价。媒体也特别喜欢用一惊一乍的内容来恐吓你，什么富人已经撤离，穷人进入之类的，搞得人整天神经兮兮的。

我觉得能靠爹妈买房，少奋斗很多年当然是一件庆幸的事儿。但是对于很多普通如你我的人，把一辈子的安全感都寄托在一间房子上是不是值得，我表示怀疑。

这么多年来，我一直深信不疑的一句话是，无论是通过怎样的形式获得的物质，都没有办法满足自己的欲望，也不会因此获得更多的幸福。若你把安全感寄托于任何一个外物上，它们随时可以把你撂倒。

当你离开北京，离开上海，离开杭州，离开深圳，不要对城市失望，也不用对房价失望。这些城市会忘记你，也许从来不曾记得你，你所有的失望，最终的指向其实都是你自己。

**房价从来不会让人失望，人生才会。**

# 我们生活在巨大的差距里

去年，社交网络被一篇叫《蝼蚁》的文章刷屏了，起因是杨改兰事件。我的朋友圈站成了观点鲜明的两派。

一派说，这女的明显就是精神病，没什么可值得同情的，生而为人，对不起，再操蛋也得努力活下去；另一派说，能够上网的人，都是聪明人，抬头往上看没什么不好，但是这不妨碍善良一点，别那么尖刻。

因为这事儿，他们在群里吵得不可开交，已经到了快要互相拉黑的地步。

闹了半天，其中一个说，盲流社长为啥还不参与讨论，不发表意见？我从地上站起来，抹了抹眼泪说："**当你评断他人的时候，只需要想一想，不是每个人都像你这么幸运。**"

1

从最早开始知道这则新闻，到读了几遍的《蝼蚁》，再到后来大家在群里不共戴天，都让我想起了余华的一本书《我们生活在巨大的差距里》。

当上海、北京、广州、深圳、杭州这些经济发达地区的摩天大楼鳞次栉比，商店超市人声鼎沸时，西部的贫穷落后地区依然萧条。

他在书中讲了一个故事，一直令我印象深刻。说有一次六一儿童节，电视台采访全国各地的儿童，问他们想要什么礼物。

北京的小男孩说，他想要一架真正的波音飞机，不是玩具飞机；一个西北的小女孩却羞怯地说，她想要一双白球鞋。

两个同龄的孩子，就是梦想都有着如此巨大的差异，的确令人震惊。也许对于西北的小女孩来说，她想得到一双小白球鞋的梦想，可能和北京男孩想要波音飞机一样遥远。

因为物质上的不平衡，导致了心理诉求上的不平衡，最后连梦想都不平衡了。

2

我不知道你的梦想是什么。但是我相信，绝大多数平凡如你我的年轻人都曾经历过贫穷。

这种贫穷可能不至于像杨改兰般的食不果腹、衣不蔽体，但是同样让你百爪挠心，夜不能寐，甚至有一丝丝绝望。

我的一个朋友说："那些富孩子可能永远体会不到我们这些穷孩子因为没钱心里默默忍受煎熬的那种滋味。"

小时候特别怕下雨，家里总是找不到雨伞，换洗的衣服和袜子也不会是干爽的，有时候穿着受潮的衣服特别难受。

3

前几年网络上很流行这样的调调，什么你穷是因为你不够努力，贫穷是一种懒惰云云。

当你坐在空调房里，吃着西瓜，刷着网络，大谈世界观和人生观的时候，你又如何知道那些连网络都没有办法触及的人们的生活？

他们中的很多人，也许连电脑都没有见过，不会写字，甚至连普通话都不会说，他们又为生活做过怎样的挣扎。

你的优越感无非来自，你生活在一个网络发达、交通便捷的地区，你接受了良好的教育，你在城市有了体面的工作和薪水，你享受了社会发展带来的红利。

但是你对另外一个世界一无所知，而且缺乏最起码的同情心。

用朋友八仔的话说，如果你的朋友圈十个人有九个心安理得觉得"穷成这样是活该"，那么这个社会才是要完。

4

每年，我都花时间重温一些电影。不知道为什么，看到杨改兰的新闻，我脑海里一直浮现出《三峡好人》中韩三明的样子。

这位主人公来自汾阳，是名忠厚老实的煤矿工人，来奉节为寻十六年未见的前妻。前妻是他当年用钱买来的，生完孩子后跑回了奉节。寻找前妻的过程中波折不断，韩三明决定留下来做苦力一直等到前妻出现。

此时的人生，就如浮萍，随风飘荡。

在韩三明寻妻的过程中，他认识了三个人：小马哥、唐人阁的老板、有残疾老公的厨娘。

小马哥跟三明说："我们不适合这个时代，我们太怀旧了。"

厨娘说："没有办法，人总要过下去。"

影片的结尾是：

新的一天来临，大伙收拾好破旧的行囊，准备跟三明一起去山西挖煤。三明最后一次凝视这个云雾缭绕的城市，他看到在不远的天边，有人在命悬一线的空中索道上行走。

他不知道，这是幻觉、表演，还是生活本身。

5

迄今为止，我没有看到还有哪一部电影能如此深刻地展现我们生活的这个时代的现实和荒谬：被压迫的生活环境，每个人内心的追求，和现实的挣扎、妥协。

我们每个人都可能是韩三明、沈红，或者小马哥。但我们还是能如蚂蚁一样活着，坚强一如芸芸众生。

凤姐说，绝望比贫穷更可怕。我觉得，绝望更像是一种命运，无论你如何挣扎，它就是与你如影相随，挥之不去。

余华在《活着》里写道：最初我们来到这个世界，是因为不得不来；最终我们离开这个世界，是因为不得不走。

而你游走在来与走之间，根本不知道自己的坚持，是希望，还是折磨。

## 那些微信公众号教给我的事

我的微信公众账号重新恢复之后,受到了很多行业内朋友的关注,他们找到我,想对我进行一些关于公众号运营的采访。

"亲爱的,能不能聊一下关于账号被封的事情,以及你之后的打算。"他们说。

这让我非常窘迫。因为某些众所周知的原因,这个账号三天之内增长了超过两万的订阅用户。每天后台收到最多的消息是"和菜头推荐我来的,肯定没错""菜宝说你是小星星""新粉报道,之前没有关注,希望不会失望"这样的。以至于我现在总是担心自己会不会随时吓大家一跳,并且暗暗在心里较劲,下次你们要是再这么说,我就直接死给你们看。

拜大规模的微信创业所赐,身边几乎所有的朋友一夜之间都去做了微信公众号,无论过去他们在互联网公司,还是在传统行业就业,拥有一个自己的公众号已经成为每个公司或者个体的标配。

曾经有段时间,有大批人说去开公司了,后来发现他们其实是开了淘宝店。每次这样一想，从事自媒体行业就让我觉得尴尬不已。尽管之前的账号已经小有盈利，单条广告的价格超过了我在阿里一个月的工资。

不过还是请你放宽心，这不是在向你炫耀。毫无疑问，做公众号这件事情是获取用户成本最低、最容易产生效益的一种工作。下面是我在过去两年运营公众号吸取的一些经验教训，以及重新开设账号的一些思考。

它并不是你在其他所谓官方权威渠道上看到的那种，纯粹是我个人的一些建议。不是说我做得已经多么出色，相比那些不怎么勤奋但意见好像还挺多的公众号，我可以厚着脸皮说一声：我的确在用心经营。

①如果你是奔着赚钱的目的去做公众号，它很可能会让你失望。人们是否愿意为你的内容付费，愿意购买你推荐的商品，很大程度上取决于你的内容本身是否有价值，这种价值也许是乐趣，也许是知识，也许是情感共鸣。

②个人博主的公众账号如果要在将近 2000 万的公众账号中凸显出来，必须强烈塑造自己的风格。当然近期也听到这样的声音，营销账号刻意削弱性格，当他们发广告的时候，用户不会去攻击一个没有性格的账号。在我看来，一个账号如果可以发广告，是没有什么值得苛责的，毕竟能通过这种方式挣钱也是自己的本事。但是说真的，你干吗这样对自己，去关注一个没有感情性格的营销账号啊。

③经营公众账号靠的不是文笔水平，更多的是营销上的感觉，如果要把目前公众号界 TOP100 的运营者组织起来搞一场新媒体圈作文大赛，我

很担心那些颠覆人生观世界观的内容会不会遭到监考老师的白眼。

④大多用户只有情绪，没有智商，发一些情绪上的内容，能吸引很多人的关注和转发，但是想清楚，你要吸引的是哪类用户？

⑤热点事件的传播时长一般是三天。

⑥你必须是一个有趣而且有毅力的人，必要的话，你可以是一个逗逼。

⑦不要太依赖排版工具，尤其是那些花花绿绿的页面，非常low，保持干净整洁，就像爱护你的脸一样。

⑧虽然不建议加入各种各样的联盟，但是一定要跟其他公众号主人保持一个比较好的关系，没事儿也转转别人的文章，点点赞，这是我最近学到的非常重要的一点。一方面是因为广告合作利益共享上的原因，另一方面，你的账号或许也会遇到问题，他们会帮到你。虽然一直以来，这个行业内部都是互相看不起，我觉得他写得不怎么样，我觉得他很糟糕，但是不要表现出来。你们说我变势利变圆滑了，我觉得我长大了。

⑨不要取悦和迎合任何人。写文字和做人一样，无论你写什么，都会有人不喜欢你的文字，无论你是多么人畜无害的性格，也总会有人讨厌你。无所谓，要是天天活在别人的评价里，我觉得你可以去进行一场电击治疗。

⑩尽管过去一段时间，大家都觉得公众号是不是已经到了某种拐点，数据下降得厉害，但是用户对于优质的内容永远是渴望的，各个平台都在

争取 KOL 入驻，但是好的内容制造者还是那一些。近期也有媒体说 2016 年是内容创业年，如果你要开设一个公众号的话现在也不算晚，在春天到来之际，做什么事情都来得及。

## 我为什么越来越讨厌微博了

这几年因为玩公众号也结识了一些微博上的段子手朋友,但是这篇文章还是想写。**在商业社会上摸爬滚打,会让人都变得世故圆滑,希望每个人都不要失去最基本的对错判断。**

我已经很少上微博了,要不是因为公众号被封禁,那么我的更新截点将一直停留在2013年,后来因为公众账号挂了,很多朋友跑到微博上来问候我,我才开始了稀稀拉拉的更新,大都是把朋友圈的内容复制粘贴一下,告诉大家我还好,真真地还在。

这是微博的优势。只要你登录它,在搜索框敲击下一个词就可以找到对应的人和内容,而在微信这一功能很难实现。所以每次社会上有什么热点事件发生的时候,大部分人都会第一时间选择去微博看个究竟。

我在前公司曾运营过一个百万粉丝的微博账号,每条微博的转评数也就是二三十,拥有几十万甚至过百万粉丝的段子手会跟我感叹,现在微博的人气越来越差了，作为普通的微博用户来说，这种感觉更为强烈。

观察身边的朋友使用微博的情况，很容易得出这样的结论：微博不行了。

我很讨厌别人说什么纸媒快死了、微博不行了这种一惊一乍的论调，于是微博官方每次都会在大家的质疑声中发布最新数据，然后愉快地啪啪打所有人的脸：

微博在去年公布了 2015 年财务报告。报告显示，微博月活跃用户 2.36 亿，营收、用户持续高增长，日活跃用户 1.06 亿，全年营收 30.15 亿元，Q4 盈利 2.14 亿元大涨 267%。

比这份财报更让你有直观感受的是：EXO 的鹿晗和吴亦凡微博粉丝超 1600 万，TFBOYS 三个小孩的粉丝均超过 1000 万，演了《琅琊榜》的靖王、王凯 kkw 的粉丝也超过了 700 万。

他们随便发一条微博，转发都有四五万，夸张的可以超过十万、二十万，甚至三十万。如果你在搜索引擎上敲击"微博 吉尼斯纪录"，那么蹦出来的结果可能会让你大吃一惊：

2012 年鹿晗发布了一条关于曼联的微博，该条微博的评论超过了 1320 万，创造了吉尼斯世界纪录；2014 年 9 月 21 日中国人气少年偶像组合 TFBOYS 队长王俊凯生日，他在当天发了微博，随后被转发了 4000 万次。

也许你在微博上并没有看到这样的内容，但是看完数据你就不会觉得"微博不行了"。

这么说吧，微博的用户已经变了，有人走了，一批又一批更年轻的用户涌上来了，他们更年轻，也更喜欢追逐现在的热点。

与此同时，另外一批大 V 在迅速崛起：papi 酱依靠短视频在半年时间内，粉丝从几万一下子蹿到了惊人的 760 万，专门搞怪教人化妆的艾克里里粉丝 600 万，小马甲粉丝 2400 万。

段子手们曾和微博保持着良好的关系，2013 年后，段子手群体就成了微博活跃度的支撑点。虽然在去年微博平台推出了一系列霸王条款，但是无可奈何的段子手们依然是平台上的主力军。

微博变得越来越好，但是这个社会似乎变得越来越糟。因为有一些事情已经被改变：

曾经，微博的优势在于自共同议题，在于围观就是力量，现在微博的热点是明星八卦，段子手卖萌，不相信的话快去邓超的微博看看，保证你尴尬癌发作。

曾经我们喜欢 follow 一些远方的陌生人，分享各自的生活感悟，找到志趣相投的人，现在我们看到的都是一群人发鸡汤发广告炒着万年隔夜饭哈哈哈哈哈好。

曾经我们用微博打发时间，不仅仅是记录自己的生活，而且分享知识，现在上微博除了打发时间，能够留下来的东西基本没有，花很多时间却没有什么收获。

我的一个段子手朋友曾写过一篇文章，说为什么现在的段子手都不写段子了？

很久以前，一般的热点事件都会有段子手参与进来，把事件推升至一个新高度，但是现在面对热点事件，大多段子手因为被抄袭寒了心沉默，或者因为割据问题选择哑火。

因为格局已经形成，利益已经形成，加上平台的纵容，很多段子手都开始转行干别的去了。

所以有件事情你再清楚不过：剩下的那些还没有离开的营销号为了博取关注，会把自己的底线降得更低。

他们知道什么样的内容大家会转，什么样的事件可以引导网民的情绪，从而提升自己的人气，获取更多的利益。

就像是一个恶性循环，赶跑了更多的人。

## 公众号一天涨粉十万是怎样的体验？

"瞎做瞎玩儿，成功了，然后写成功经验，一些偶然性的东西，被自己总结成了所谓的经验，去糊弄别人，各种人生导师和职业咨询，大多如此，剩下的一小部分，是自己都没整明白就给人瞎比划。"成功宝典和增粉秘籍都是什么鬼？我不喜欢快扔掉！

我知道这篇文章不管怎么写都会有人说，又出来嘚瑟了，过气网红又在垂死挣扎了巴拉巴拉。是，嘴巴长在你们身上，你们爱说啥都行，我现在可是学乖了，所以一上来就先将你们一军，不服气的再读一遍上面这段话，我年纪大了你们谁也不要跟我争！

事情就是你们看到的，写过一篇文章《不要在该放荡的年纪谈修行》，接着后台的阅读数据已经超过 400 万，新增用户 100000，点赞 17000，留言 5000 多。当然也有很多人一直盯着我的打赏数，啊对！有 3000 多个非常可爱的 boys 和 girls 给我打赏了。

至于总共收到多少钱，你就没有必要知道了。

获取如此大的流量是我之前没有想到的，以至于很多熟悉我的朋友，在打开手机的那一刻，发现被我的文章刷屏之后对我表示了担心，害怕我被突如其来的喜悦冲昏了头脑。

我也特别害怕哪个自媒体联盟硬要颁发一个什么荣誉给我，给我一个什么奖章挂在脖子上，恭喜我成为优秀自媒体。自媒体你妹啊自媒体。老子可是有正经工作的 OK？

那么有些事情我觉得还是坦诚一点比较好。下面的叙述可能会有点叨逼叨，我就当跟朋友说说话了，没什么技巧可言，相比故作姿态的文笔，我觉得真诚更重要一些。

我玩公众号已经差不多快三年了，属于最早一批建立账号的人。2013年底我告别了在北京八年的北漂生涯，滚回了杭州，写了一篇告别的文章，吸引了最初的一大拨用户。

那时，我给自己做了一期访谈，自言自语地谈论建立公众账号的初衷，当时朋友圈里传播的励志语录和心灵鸡汤实在太山炮了，于是要做一个自己喜欢看的公众号，关于文学，关于爱情，关于穿越世界的旅行。

那是我很喜欢的北岛的一首小诗，也成为那个账号在几度被封之时，大家在黑暗之中，手执火炬接头击掌的暗号。当我惊慌迟疑的时候，总有一个声音在耳边说，请伸手摸摸，莫慌，还在！

2015年底，因为某些原因，之前那个账号也就是大家熟悉的路边社传媒被永久封禁。当时的订阅用户有十几万，每篇文章的阅读量在三万左右。一直以来，公众号都只是我一个人在业余打理，无论工作多忙，还是保持更新，对我来说，我并不想把它变成我的生意，把用户当作数据。

但我不是没有动心过。尤其是当时甲方给我的报价已经超过我在阿里每个月的工资。于是后来我辞去了阿里的工作，全心投入公众号的经营之中。然而没过几个月，发生了什么事情大家都知道了。

那段时间我特别不开心。辞去一份在别人看来还挺光鲜亮丽的工作，去追求一个看上去模糊不清的目标。身边有一些人鼓励我、羡慕我，离开阿里的时候我还写了一篇文章给自己加油，说我要像堂吉诃德一样，执起长矛，跨上战马，挑战风车去了。

但那时，一切就像是一场蹩脚的马术表演。

也曾有人对我的举动表示不理解，他们觉得这是不务正业。他们说，这大概不适合你，你不是一个懂得放下身段的人，你不善于经营自己的人脉，你并不懂怎么跟他人搞好关系。于是我也问自己，是不是有点儿想当然了？

但是我不甘心，我不甘心看到辛辛苦苦经营了两年的城堡瞬间在眼前坍塌。因为总有一些东西对我来说，是重要的，每当生活的重锤狠狠落下，有了它们，我总觉得自己可以再坚持一下，再往前走几步。

可能你也跟我一样，被人说不安分，被说想入非非，说你格格不入。不用担心，就算他们反对、质疑、诋毁，甚至在一旁等你摔倒看你笑话，但是他们无法漠视你的存在，因为他们知道这个世界有一样东西叫可能性。

## 与 90 后打交道的正确姿势

如果你还在用"脑残""自私""任性"这些词来形容 90 后,那么你在跟这些年轻人打交道的时候恐怕要吃大亏。很久以前有人说 80 后是垮掉的一代,但是现在说这些话的人基本都消失了。

无论你喜欢不喜欢,90 后已经正式登陆社会了,他们就在那里,成了这个社会的新生力量,有的会成为你的下属,有的会成为你的同事,有的会成为你的朋友,所以研究与 90 后打交道的正确方式迫在眉睫。

从三个角度来谈一谈 90 后与 70 后、80 后的区别:

很久以前,父辈们的工作一般都是分配的,一个工作可以干一辈子,没有太多选择,他们追求的是铁饭碗和稳定;随着时代的发展,逐渐有了一些选择,但大多数人在择业的时候,比较喜欢的职业仍旧是以公务员、企事业单位编制的岗位为主;发展到今天,再也没有哪一家公司、哪一个岗位、哪一份薪水可以把一个年轻人绑住,绑一辈子。

平台不再是吸引年轻人的最关键因素,薪水也不是。决定他们能否在一个岗位上停留下来，并心甘情愿付出120%努力的是谁与他们共事，以及自己的价值能否得到充分体现。

是的，他们的个人技能是否得以施展，价值是否得以体现比什么都重要。你可以试想一下，现在的90后，年龄最大的一批已经是27岁了，从小就生活在互联网时代，不再是那些没有见过世面的土老帽。没有太重的家庭负担，很多人一出生也许爹妈就给准备好了房子、车子，他们过来上班绝不是因为要从你手上赚走每个月五千块钱。

我在去年创业的时候，负责新媒体和市场的工作。当时我在自己的公众号和浙大的BBS上发帖，想招一些年轻人跟我一起做事。

我在招聘启事上明确写出的点是：1. 我们这件事情很酷，我们一起做一件特别有意思的事情；2. 你有充分的自由，可以发挥自己最大的潜力；3. 我们是一个年轻的互联网创业团队，所以公司氛围没有太多的循规蹈矩，我们一起来建立属于我们的公司文化。

我没有特意强调我们公司能给出的待遇是否具有竞争力，并不是说公司不想给他们更好的待遇。从我自己的角度来说，我希望我的员工和下属是因为工作内容和工作氛围被吸引过来的，而不仅仅是因为工资。靠工资吸引过来的年轻人，很容易被下一家公司挖走。

事实上，我招过来的年轻人也的确如此，他们大多谦卑，也许是刚入职场的原因，知道自己的价码，知道目前这个阶段需要获取的是什么。

让我比较惊讶的是，他们比我想象中更能吃苦，更有胆子承担责任。

年中的时候，公司计划参加杭州本地的一个生活展览。得知要参展的消息时，距离展会开始不到一周的时间。于是全体员工开会，CEO在会上问谁能负责这次的活动。

很多员工你看我,我看你,不做声,他们太清楚了,这不是一个简单的线下活动,且不说要定流程,与品牌接洽,购买礼品这些繁琐的事情,一周不到的时间,我们的展台能否搭建完成都是一个未知数。

正当一些老同事抱怨说时间太赶,可能完不成的时候,两个90后小朋友接了下来。于是大家协助他俩,分工,每天睡四五个小时,很顺利地把这件事情就搞定了。所以我经常会想,是不是在大公司待时间太久了,或者在职场上干久了都会有这样的毛病:怕去承担一件事情,想到的总是各种不好的后果,有了功劳是领导和同事的,出了事情就是自己背锅,所以做事情总是唯唯诺诺。而年轻人总是无所畏惧,甚至也不会去抢占任何的功劳,他们在这件事情上证明了自己的价值,**自己觉得快乐,比什么都重要。**

当然也有头疼的时候。如果你组织过这群90后聚会,邀请他们参加公司的团建,那么你就会觉得要让这群人满意真的是费劲的事儿。

过去公司团建,传统项目一般是去郊区爬山,徒步,去湖水边转转,高级一点的,找个休闲度假区,找专业的公司来负责团建,搞一搞拉练。如果你还试图用这一套来拉近90后的关系,增进彼此之间的感情,那么团建回来之后,你可能会看到桌上已经放了辞职信,或者他们压根就不会出现在团建现场。

虽然90后大多个性、有自己的态度,但绝不是什么桀骜不驯的小马驹。他们不喜欢被威胁,不喜欢被强行洗脑,不喜欢玩过去假大空那一套。如果你愿意给他们点一个全家桶,我相信他们很愿意陪着你一起加班到深夜,而且干得很快活。

是的，这是我所理解的 90 后，无论你喜欢不喜欢，他们已经成为这个社会的新生力量了。

## 再不减肥就晚了

说实话，去年有那么一段时间，我距离变成金城武仅有那么一点点距离，那时我120斤。经过我一年的努力，坚持不懈地去健身房锻炼，终于在这个冬天变成了145斤。

所以今天的这篇文章是写给你的，也是写给我自己的——再不减肥就晚了。

1

以前我经常收到女生的留言，说社长我又胖了怎么办？这个时候，我会很机智地点开女生的头像，如果长得好看，我会很客气地回复，也没有很胖啦么么哒！

如果长得胖而且穿得土，我的无名火就会噌一下就蹿起来，都长成这样了，谁给你的脸整天矫情啊？喷了！

2

这的确是一个看脸的世界。

这样说你可能会觉得我肤浅吧？**但是不得不承认的是，在很多时候，人们对待同样一件事情，做出的反应是不一样的，这取决于做这件事情的人长得是美还是丑。**

如果你长得跟吴彦祖一样，拥有六块腹肌，那么即使你骄傲放纵吹啊吹，仍然挡不住大家对你的崇拜，你越有个性，人家才越喜欢呢。

如果你长得不好看，还整天在朋友圈晒自拍，加一些岁月静好的无主情话，那么那些认识你的朋友肯定心里有万头草泥马在奔腾：差不多得了，整天瞎矫情什么！

俗话说，长得好看的人犯错更容易被原谅，长得丑的人，长成那副样子就已经让人没法原谅，更别提犯什么错了。

3

胖子没有权利和人吵架，因为说什么都是错！

吃饭的时候，只要多吃一点，他们就会说，你都这么肥了还吃这么多！吃得少的时候，他们会说，你吃这么少怎么还这么肥？天气冷的时候，多穿一件衣服，他们会说，你这么胖还怕冷？少穿一件衣服，他们会说，长得肥果然不怕冷！总之，所有的一切你都只能默默承受，不能开口，只要一开口，就会换来更无情更冷酷的嘲讽：长得胖就别瞎BB了OK？

胖子没有权利玻璃心，因为你必须没心没肺！

电影里的胖女二号都是调节气氛用的，正如现实生活中的你，只有苗条好看的女主才有伤心流泪的权利，你必须永远强大，永远带给人欢乐，甚至当别人说"你又胖了"的时候，随时准备切换成自黑模式：是我，我真是没救了呢！

胖子没有权利熬夜，你想一下，一个胖子，熬夜把自己熬秃了会有多可怕；胖子没有权利去旅行，你想一下，一个胖子，躺在沙滩上，一摊白花花的肉是有多恐怖；胖子没有权利追求美女，你想一下，范伟老师在《道士下山》里面和林志玲在床上拱肚皮的场景。

人生两大罪，莫过于胖和丑。

4

"从明天开始，我真的要减肥了！"这句话听上去就像是本世纪最大谎言，"哎哟我明天一定要去跑步了啦！"也常听到胖子们这么说。

但对于大多数人来说，他们其实更愿意转发各种健身视频，相信各种减肥捷径，而不太愿意穿上鞋子，多出去运动一下。

对于我们当代年轻人来说，如果不戴上智能手环，不把健身数据上传到各种社交网站，那么这身算是白健了。

我们都知道减肥是好的，胖子只是阶段性的称呼，但是坚持锻炼太他妈苦了。

长得胖长得丑不是你的错，但是期望有高富帅和白富美会爱上你，这就是你的不对了。

5

减肥和人生一样，没有捷径可走。

不能控制自己的体重，就不能控制自己的人生，如果你对自己都下不了狠手，就别怪别人对你下手太狠。你才 20 多岁，30 多岁，你还那么年轻，可不能现在就松了油门，挂空挡，任由自己这么滑行下去。

　　好吗？好的。

Part. 06

跟『差不多』的人生说再见

Don't Show Off Anymore!

## 你看不起的人都成功了,你凭什么不服气?

前几天,某媒体采访了一个做自媒体的女孩,说人家在一年时间获取了百万用户,一年的广告收入高达千万,还买了别墅。

我的朋友王德福在看到这条消息之后,第一时间给我发来消息,问我是否可信。

我说,应该是真实的吧,没什么可奇怪的啊。她真的太拼了,一年365天几乎不断更,生活不会亏待那些一直努力的人。

他说,我以前也关注了她的账号,觉得她说的有些东西还挺有道理的,直到有一次不小心看到了她的照片,现在每次看到她的文章,脑海都会浮现她那张大饼脸,心底的无名火就会噌一下蹿上来,长得丑就别叨叨了吧……

我吓一跳,还好没告诉他,我也喜欢在公众号上发自拍。

我说,我有一个朋友,前年在某宝上开店,曾经被很多人讽刺,现在她每天发货量几十万;还有一个朋友,去年在朋友圈搞代购,差点被我拉黑,现在在杭州买了房；还有个朋友在陌陌开直播，被我嘲笑，三个月赚了几十万……

他问：你是想说，要成功就要忍受嘲笑？

我说，不是。我想告诉你的是，朋友们做啥都能成功，你要是去做，就等着赔吧。

为啥？因为你的心态就不对啊。比你美、比你还努力的人，他们成功了，你很容易就接受。但是那些看起来比你丑、做的事情比你 low 的人，过得比你好，你就接受不了。

你看不起的人都成功了，你凭什么不服气？

1

前几天跟朋友在银泰吃饭，他跟我抱怨最近工作上的事情，说自己的工资太低了，行业没有前景，但是又不知道自己能干吗。

他是在一家类似于事业单位的机构上班，从毕业到现在，工作了6年，工资从三千涨到了五千，工作最大的优势是稳定、清闲、福利多。但是弊端也显而易见，低廉的薪水，没有成长的工作环境，看不见的上升通道……

这几年，随着互联网的冲击，看到身边很多白手起家的朋友都靠着这一波红利赚了钱，他似乎有点按捺不住。

我问，那你能在这么清闲的单位一待五年也是服气的，你不知道啥叫温水煮青蛙吗？你也不怕嘎嘣一下单位就没了，你到时候哭都来不及。你家不是有土特产吗？为啥不开个网店，或者在朋友圈卖卖也行啊。

他说，那也太 low 了吧！大家在朋友圈晒的都是精致生活，我卖土特产画风也太奇怪了吧！

我说，那有啥，这不是简简单单卖特产的问题，你在卖的过程中，就能学到很多东西，比如你要在某宝上开店，那你还得懂营销，你要是开公众号，你还要学写文章，你要是在陌陌开直播，你还得跟艾克里里学一下化妆……这里面的学问可多了。

他说，你可赶紧给我闭嘴吧！干这么 low 的事情，我还不如去西湖边捡垃圾来得直接呢，听说去那儿捡垃圾也能赚不少钱。

我说，西湖边的垃圾，是你想捡就能捡的？那边都是划区域分包出去的，傻×！

2

生活中，这样的人其实不在少数。

他们会说，有些段子手啊，天天在微博发猫发狗发广告，也不知道什么玩意儿。

他们会说，有些所谓的畅销书作者，每天生产一些无病呻吟的矫情语录，就骗骗那些心智不成熟的未成年吧。

他们会说，有时候还挺羡慕那些没有文化的人的，毕竟他们还能听懂直播喊麦，喊的到底是个什么鬼。

讲真，这些人愤怒的点，其实并不在于段子手、畅销书作者、直播的人到底是否在招摇过市，也不是愤怒他们看起来轻轻巧巧，躺着就赚了几百万几千万，他们愤怒的点在于——那个人不是我。

其实是用一种不屑的情绪来表达羡慕。

3

我曾经也是这样的人，我最怕的事情就是被人知道我是做公众号的，每次在饭桌上被人提及，我都会惊慌失措。

有朋友会说，真的还挺羡慕你的，不用像我这样，每天睁开眼挣扎着起床，需要给自己做心理建设再去上班，那心情就像是奔赴刑场。

我说很多人表面上看起来光鲜亮丽，背后无一不在承受各自的压力。

你只看到有人做直播，只要说说话、唱唱歌就能月入百万，只看到有人开公众号，写写文章，广告多到应接不暇，但是这并不代表他们背后没有辛酸和挣扎。

《赤壁》大战之前，连萌萌都需要自己站起来，更别说你我了。

4

以前我觉得直播是一件挺无聊的事情，我不了解为什么会有那么多人看直播，但是当我第一次进入直播间时，我就啪啪打了自己的脸，因为抠门如我，也没忍住给人刷了小礼物。

今天在网上看到一则关于网络主播的纪录片，其中有一句话特别打动我——尘世中千万平凡梦想，从未被时代如此善待。

很多人都说网络时代如何浮躁，如何光怪陆离，而我恰恰觉得是因为互联网，打破了时间和地域的隔阂，让你我这样的普通人得以建立联系，让更多平凡人的价值得以体现。

我曾经在一篇文章里写过，其实现在大多数人的贫穷并非懒惰造成。

如果你身体健康，家人也健康，你受过一定的教育，在这个互联网时代，想要特别穷不是一件容易的事，除非你想。

在这个互联网时代，只要你肯学习新的东西，只要你有些才华，哪怕只是一丁点儿，都能找到自己的价值，都能找到赏识自己的人。

就像最初鼓励我写东西的朋友，曾深信我的未来前途无量，即使我对此深表怀疑。

现在的问题就在于，很多年轻人已经羞于谈论自己的梦想，对新鲜事物失去了学习的能力，没有了耐心，很多人恨不得现在撒下一颗种子，立马就能看见参天大树。

5
用自己的固有观念，来衡量一件事情，是愚蠢的行为。

有太多被认为是理所应当的事情，也有太多被不公平对待、被你瞧不上的事情。

所以醒醒吧，**别把得不到的东西，说成自己不想要，还作出一副主动舍弃一切的模样。**

只有先承认自己的梦想，一步步靠近，才有可能真的实现它，**你对不熟悉的事情抱有偏见，恰恰说明自己的无知。**

Randy Pausch 在他著名的"最后的演讲"中曾说过这样一段话，一直记录在我的日记本上：

在我们追寻理想的道路上，我们一定会撞上很多墙，但是这些墙不是为了阻挡我们，它们只是为了阻挡那些没有那么渴望理想的人们。这些墙是为了给我们一个机会，去证明我们究竟有多想要得到那些东西。

有那时间鄙视别人，不如多花点时间来打磨自己。如果我成功了会被你看不起，求求你快来看不起我，我要去撞墙了。

## 以最普通的身份埋没在人群中，过着最煎熬的日子

"千万不要相信别人在朋友圈作出的任何承诺，因为他们一旦兑现不了，就会删掉那条状态，当作什么事情都没有发生过的样子。"

前几天，我的好朋友蜜丝麻在朋友圈更新了这样一条状态。我立马回复：嘻嘻，是我。

新年伊始的时候，我删除了过去所有记录，并在朋友圈里说，2017年的小目标就是少交一个朋友，多读一本书，少发一条朋友圈，多出去走走，朋友圈即日起关闭。

有朋友打赌，说我不会超过一个月，就会重回朋友圈，开启叨逼叨的生活。"他一个单身狗，又这么能喷，不让他在网上说话，他肯定能把自己憋死，不信你们等着瞧。"

果然，不到一个礼拜，不争气的我，因为旅游了一趟，出门第一天就一口气更新了28条状态，发了66张高清无码自拍。

所以，我想，有一段时间我可能是病了。

我得了一种叫作间歇性热爱生活的病。这种病的病征是时而意气风发热爱生活，时而觉得一切都太丧了，做什么事情都没有意义。

1
知乎上有一个话题：你见过最不求上进的人是什么样子？

点赞第一的是来自布衣卿的回答，他说：我见过的最不求上进的人，既不是学霸又不全算学渣。他们为现状焦虑，又没有决心去改变自己。三分钟热度，时常憎恶自己的不争气，坚持最久的事情就是坚持不下去。他们以最普通的身份埋没在人群中，却过着最最最最最最最最最最最煎熬的日子。

看完之后，感觉膝盖中了无数枪，请问你是不是在监视我的生活？这说的不就是我？

一个已经三十好几的，灵魂有香气的，只是在朋友圈里努力过的 boy。

2
我有一个 kindle，是很老很老款的那种。

买来貌似只用过一次，因为 kindle 的电实在太牛逼了，半年后我从抽屉里翻出来的时候，居然还剩余一半电量，搞得我非常没有成就感。后来我就习惯买纸质书，并不是喜欢书香，或者捧在手心踏实的感觉，而是为了有人走进我的房间说一句，卧槽，这么多书，好牛逼。

很多书，其实更像是一种装饰，连我最讨厌的腰封都没撕掉，就直接放在书架上蒙灰了。

我办过一张健身卡，是请私教的那种。

起初，我真的对自己肚子上的一圈肥肉忍无可忍了，低头都快看不到脚了好吗？于是咬咬牙，用了半年的积蓄，漂洋过海在小区对面办了一张私教课的年卡。增肌、减脂、塑形。杭州城西金城武深夜造访健身房。

哎哟，不行了，教练，我腿抽筋了。

我还请了一个吉他老师，上门授课的那种。

现在问题来了，我那个吉他老师叫啥名字来着？老师，麻烦你看到我的话，请叫我一声，我找不到你了。

所以，你可以从以上三种描述中，大概看出我是啥样的了。对呀，我就是那种碌碌无为，却时常安慰自己平凡可贵的谜男子。

### 3

不过用不着为我难过，因为我知道你也是这样。你敢说你不是这样试试？

你也活在"自己很努力，把自己都感动哭了"的幻觉里，活在"让别人觉得你是一个生活得很好的人"的梦境中。

以为自己买了kindle就会去阅读，买了相机就会去摄影，买了健身卡就会去健身。事实上，你一直不敢停下来面对自己的内心，所以只能让自己焦急地忙碌着。

**从小到大，你的生活算不上太优越，也不算落魄。你拥有一个差不多的童年，读了一所差不多的大学，找了一份差不多的工作，认识了一个差不多的对象，现在过着差不多的生活。**

假如现在有人告诉你，你只能拥有一个差不多的人生，我估计你会当场翻脸。

4

承认自己是个平庸的人是一件极其困难的事，因为那是一种从心底涌起的自我否定。

然而人们都喜欢简单安稳的生活，一切都被安排好了，一切都在预料之中，于是天天欢喜，就像车间流水线上的产品，每天几点睁开眼，几点去上班，几点下班，机械而又规则。

年轻的时候，也曾幻想过改变世界，要让自己热泪盈眶，变成天上忽明忽暗的云，但是在日复一日的消耗中，翻个身对自己说，算了，明天再说吧。

晚上睡不着，白天不想起。

明明没有深夜加班、深夜阅读，也没有朋友或对象可以聊天，却总是在熬夜，夜夜榨自己。

其实最煎熬。

5

我们都看过《闻香识女人》，对老帕的那句台词记忆犹新："如今我走到人生的十字路口，我总是知道哪条路是对的，毫无例外，我知道！但是我从不去走，你知道为什么吗？因为妈的，太苦了！！！"

但其实，里面还有一句更打动我心——

我看到过很多年轻人缺了胳膊，缺了腿，但都不及灵魂残疾可怕，因为灵魂是没有义肢的。

**所以，浑浑噩噩不可怕，最可怕的是浑浑噩噩不自知，平庸亦如此。**

## 你是你，朋友是朋友

有一次去奔驰 4S 店里看车，没人搭理我，结果给我造成了大面积的心理创伤，没想到今次，又被一个情商低到尘埃里的姑娘再次气到变形。

前段时间去淘宝城附近谈合作，谈完事情已经快七点了。走出园区的时候，发现边上有一家奔驰的 4S 店，于是想进去看看有没有合适的车型，结果转了很长时间都没人理我。

我回去之后跟朋友吐槽奔驰的销售真的太拽了，但是新款的车型真的好看，尤其是那辆 GLC，真的可以算是我的 Dream Car 了，可是没钱，说再多也没用。

朋友说，他最近正好要换车，也在考虑奔驰，于是约好了一起去看。回来的路上，他说要去车站接一个亲戚家的来杭州找工作的孩子。

见到这位姑娘之后，我才发现，原来这个世界上真的是有一类人，犯蠢不自知的，一开口说话就讨人厌的。

上车寒暄了没几句，她就看到了我放在后座的奔驰车的宣传册。我说你觉得这车咋样？她说，啊？这车好便宜啊，不好看。我有一个朋友，买了一辆××，100多万……

当时我的心情：赶紧捂住你的狗嘴好吗。

随后，我们聊起杭州的房价，我说G20之后，杭州的房价就跟疯了一样，都翻了一番了，朋友点头说是。这位姑娘眨着清纯的大眼睛，无辜地问，现在房价大概多少呀？我说，你看窗外这边，已经算是很郊区了，现在也涨到2万了。她又大喊一声：啊？2万？这么便宜？我同学在深圳买了一套，6万多一平米……

我都已经准备随时受不了了，她还在那儿说啊说。我问，姑娘，有没有人说你声音很好听？她红着脸说没有。我说，那你赶紧闭嘴吧！

1

我就发现了，真的有很多人，特别喜欢说——我有一个朋友。就好像认识一个牛逼的朋友，可以给自己加不少分。

他们喜欢说，我有一个朋友，是某某公司的总裁；我有一个朋友，买了一个爱马仕，限量款的；我有一个朋友，在北京全款买了一套房子，装修就花了100多万。

或者说，那个小谁，以前还跟我一起撸过串呢！那个谁啊，以前我们还经常一起喝茶，现在人家厉害啦！或者拍着大腿说，熟，太熟了，他还经常在我朋友圈给我点赞呢。

我就想起之前网上被大家广泛嘲笑的那些特别喜欢吹牛逼的人——

这些人，在面对一些话题自己乏善可陈时，就会搬弄外援：我有个朋友，拥有比你们更牛逼的经历。讲完之后洋洋得意，潜台词是，他作为朋友，自己肯定也不会差到哪里去。

2
之前参加某品牌的线下活动，在吃饭的时候认识了一个所谓的网红。

一般情况，这种饭局其实是不太有人讲话的，或者说都是小范围交流，因为同行相轻，彼此都觉得对方挺傻×的。

但是那次我见识了一个 KOL，真的让我彻底蒙逼。本来我以为他真的是一个 social 高手，因为看上去他跟所有人都挺熟的，竟然把品牌的宣发会搞成了自己的婚礼，挨个过去敬酒。

后来敬到我们这儿。他跟我说，"社长，你是不是跟××关系也挺好的呀？"我说，"你也认识？"他说，"认识好多年啦。以前我们就是同事，不过我也好久没见了，下次我们一起叫上××聚聚呀。"我说，好呀。

等他走了，我就立马发消息给我的朋友××，我说刚刚在吃饭的时候，竟然遇到了你的前同事小 A，你说神奇不？

没想到他立马给我打了电话过来，说你可千万别加人家好友，不然那就完了。我问咋啦？

他说，"不然他就会在外面讲，你是他的好朋友，让你发文章，一句话的事情。"

"那个奇葩，在我们公司做了一个月不到就被 fire 了，天天吹牛逼，来面试的时候，跟我们老板说他的资源有多广，结果真到干活的时候，没一个灵的……"

3

于是，有时我会刻薄地想：那些整天开口闭口就说"我有一个朋友"的，是不是自己都不咋地？

比如我朋友圈有个哥们，展示出来的生活，真的比谁都热闹，比谁都成功。

今天参加了××论坛或者发布会，跟某个大神合影了；今天又和什么投资人见面喝咖啡，聊了几千万的投资了。

给别人营造出一种自己特别精致、特别高端的幻觉，可怕的是，迷幻久了连自己都信了。

但是真正牛逼的人，从来不需要靠"我有一个朋友"的故事来给自己加戏。

甚至，在你那些所谓的牛逼的朋友的眼里，你就像是小丑，应验了之前流传很广的一句话，**你不牛逼，认识再多牛逼的人有什么用啊**？

4

最后，我想说，别把自己的生活搞得太浮夸了，朋友是朋友，你是你，生活从来不会因为你有一个牛逼的朋友，少折腾你半分。

吹牛也得有个度。

## 请别瞎操心了！

因为各种原因，我被拖入了各种各样的群，有的是工作群，有的是爱好群。我在群里最害怕遇到的事情是：有人在群里讨论国内外大事，有时候还会因为观点不合而争吵起来。

之前有一个群，经常有人在群里发这样的内容：秋裤是前苏联的阴谋，为的是让中国人失去耐寒力；美国猛吸中国富人移民，是向我国发动看不见的金融战争；使用 iPhone 都是傻×。每次看到这样的东西，都让我觉得不寒而栗，觉得对方是不是存在某种智力上的缺陷。

大家都已经准备随时受不了了，可他还是在那儿乐此不疲地说啊说。

1

通常我在现实生活中，最怕遇到的就是那种喜欢指点江山的人，国产剧八点档徒手撕鬼子爱好者，他们大都自我感觉良好，几乎所有人都会觉得自己懂很多，关于选举，关于国际形势，关于一些八卦小道消息，他们拥有绝对的发言权。

拜互联网所赐，人们在获取信息方面越来越便捷，交流沟通的成本也越来越低，于是那些在现实生活中喜欢发表各种观点的舆论抠脚大汉们都开始爬到了网上，刷刷微博、发发评论就以为能拯救世界。

整天操心一些不该操心的事情，用自己浅薄的人生经验去揣测国际形势，分析各种阴谋论。

2

六神磊磊曾经写过一篇关于阴谋论的故事，故事的主人公是《天龙八部》里的一个小人物，名字叫作崔百泉。因为江湖传言，姑苏慕容世家杀了他的同门，所以按照江湖规矩，崔百泉要找姑苏慕容报仇。

但是姑苏慕容实在太过强大，崔百泉在《天龙八部》里面也就是个死跑龙套的角色，为了自己的复仇计划，他只能先从小丫头阿碧开始下手。阿碧拉他去家里喝茶，在船上的一路，崔百泉上演了各种内心戏，一会儿觉得阿碧有诈，一会儿担心是慕容复又要搞什么诡计。

但其实都是没有的事儿。

作为一个江湖中下层人士，他要去揣度一个武林高手的处事，只能拿自己在江湖底层摸爬滚打的经验来套。由于知识有限，他们所揣测的大国博弈，套路总像是街坊撕逼；所剖析的政治风云，总像是姑嫂斗气。

我们现实生活中也有很多这样的人，连省都没出去过，就敢点评各种国家大事，连书都没读过几本，就去纵论天下兴亡。

3

我市有个三观奇特的主持人，据说有很多少男少女想要雇凶揍他，但我很喜欢他朴实的观点。有一次，该主持人接到一个电话，是个失意的男听众打来的，这人说："我想跟你咨询个问题，我女朋友嫌我穷要跟我分手，我该怎么办？"

主持人："那你到底穷不穷？"

男听众："我觉得我挣得可以。"

主持人："你一个月薪水多少？"

男听众："平均也就是2300左右吧。"

主持人："你工资这个数，那你有没有副业？"

男听众："没有。"

主持人："你工作是朝九晚五吗？平时有什么业余爱好？"

男听众："我比较热衷研究国际形势，喜欢看时事评论，还有报纸、杂志什么的……"

主持人："你这种情况，你就不要研究国际形势了，你平常的活动该是什么你知道吗？你到咱们市比较大的商场去转悠，下班你就去转悠，多去接触商业社会知道吗？注意看那些商品的标价……好了，我们来接听下一位听众。"

4

很多人可能都看过《教父》，我特别认同里面的人生观：第一步要努力实现自我价值，第二步要全力照顾好家人，第三步要尽可能帮助善良的人，第四步为族群发声，第五步为国家争荣誉。

事实上作为男人，前两步成功，人生已算得上圆满，做到第三步堪称伟大，而随意颠倒次序的那些人，一般不值得信任。

环顾四周，我们身边有太多人，还做不到第一、二步，就已经为第四、五步操碎了心。

5

希望大家都能踏踏实实把自己的日子过好，再去力所能及地关心该关心的吧。

## 变牛逼了就很容易原谅别人

长时间讨厌一个人真的特别需要精力，特别需要保持专注，不然你出门买个菜回来就会忘掉，咦？刚才是发生了什么事情，我为什么这么讨厌这个人啊？哎，读书都不配让我长时间保持专注，为什么一个让我讨厌的人就可以获得如此殊荣？

在网上厌恶一个人，甚至一群人真的实在容易了，随便扣一个 low 逼贱人的帽子也不需要什么成本，哪怕只是喜欢的电影、音乐、书籍类型不同都能不共戴天。

想起写"原谅"和"讨厌"这个话题，是因为我昨天晚上在豆瓣碰到一个人。他在豆瓣上是写诗的，粉丝 2 万多，算是豆瓣网红吧。我没有关注他，是我的友邻关注了，所以我才看到了他的 ID，当时心里咯噔一下。

2013 年底我离开北京的时候，曾写过一篇文章告别，当时这篇文章的流传度还算挺广的吧，一夜之间吸引了几千个订阅用户，其中就有他。我为什么会记得这么清楚呢？原因是几千条评论大都是祝福鼓励的，而唯独他一口气给我发了几十条消息，说我可能精神有问题，而他自称是心理医生。

我不知道他当时出于什么样的目的给我留了这么多言，想要引起我的关注，以至于在我把他拉黑之后，还加了我的 QQ 想要跟我讨论。

可能就是有一种人，天生特别欠吧，平时喜欢跟认识的人说教，抓陌生人炫耀。我当然也不是什么善茬，以至于当他在 Q 上跟我发出第一条消息的时候，我心里的 OS 如同在武林大会上接受挑战一般，呵呵朋友，你挑错人了！

当时聊天的具体内容我现在已经忘记了。但是这个人一直让我耿耿于怀，总觉得自己受到了天大的委屈。因为我在那篇文章里没有冒犯任何人，写的全是自己的一些感悟，听到对方说我有病的时候，我简直想坐在地上哭。

昨天晚上发现这个人的豆瓣之后，我偷偷跑去他的豆瓣看了。我跟自己说，如果这人长得好看我就立马闭嘴并转粉，如果长得丑，我一定要去撕了他。

我雄赳赳气昂昂地冲过去之后发现，那段时间他失业了，在地铁口卖唱。精神面貌看上去不是特别好，穿着一双帆布鞋，坐在台阶上，前面是吉他袋子，袋子上面有几张一块的、几张五毛的。

我一下子就萎靡了。那一瞬间，像是胸口被什么击穿，所有积郁多年的情绪一下子灰飞烟灭。

于是我发了一条微博，我说我原谅你了。当然他肯定不记得当时曾如此冒犯过一个人，曾经有一个人在心里恨他恨得直咬牙。

这件事情让我越想越恐怖，我在想，妈的老子什么时候变怨妇一样了，记恨一个人这么长时间？他们凭什么可以一直住在我的心里？

于是我坐下来好好想了想，从记事以来，讨厌过谁？记恨过谁？因为什么？

上中学的时候，特别记恨学校的一个小流氓，因为被欺负过，所以一直留有童年阴影，以至于对上学都觉得有点怕。后来上了大学之后，回老家，在街上碰到，完全认不出，他说他在一家工厂的食堂当烧菜师傅，我也就突然没了兴致。

大学毕业之后，特别不喜欢一些人，有一段时间整天跑到胡锡进、司马南、方舟子的微博底下跟人撕逼。那时特别悲观，每天都看到社会的各种阴暗面，后来发现原来是我的关注点出了问题，社会的阴暗一面从有人类社会开始就没断过。后来我及时止损，只关心美景和美女。

一年多前最讨厌封我号的人，我多委屈啊，吭哧吭哧耕耘了两年的白菜都快可以卖了，咔嚓一声被人拱了。后来我发现我完全没有人可以讨厌，可以记恨，因为那是一种无形的神秘力量，我的讨厌完全没有办法对应到某一个具体的点上，我也就没了脾气。

前几年杨涵奇的文章还历历在目，你的精力分配决定了你的层次，对应到这个话题上来说好像也挺对的。如果你的时间足够值钱，还有更重要的事情可以做，就不要把精力放在跟别人过不去这件事情上了。

**我们已经为无效的社交耗费了太多精力，为无聊的琐事倾注了太多的成本，很多时候回过头，发现自己投入的事情毫无益处，反而损害了个人**

的形象和人际关系。

如果你变牛逼了，那么你对一个比你 low 的人真的是讨厌不起来的，因为：他/她不配！

现在轮到你了，想想有没有特别讨厌的人，一直留在心里？放手吧！

## 滚去赚钱，或者滚去读书！

我想，每个人在自己的成长经历中，或多或少都曾被"自卑"的情绪笼罩过。小时候因为家庭条件一般，觉得在同学面前抬不起头；去了北京之后发现那是一个更广阔的世界，而自己就像是一个乡巴佬；去了阿里之后，看到周围全是大拿，那些牛人的智商，自己一辈子都无法企及，于是就陷入了深深的沮丧之中，感觉自己平庸至极。

一步步走来，越来越深刻地体会到什么叫"阶级的不可逾越性"。你拼命想要得到的东西，也许别人随随便便就可以搞到，你奋斗了一生达到的高度，也许还没有别人的起点高。有句话说，不要让孩子输在起跑线上，但是你不知道有的人出生在了终点。

前几天看高晓松的《如丧》，对一句话印象深刻。他说，"其实没几个孩子长大真的成功了，成功是命，无法教育，所以最实用的教育是：如何在没能成功的人生中随遇而安，心安理得地混过漫长岁月而不怨天尤人。"

这句话在这个已经患上"成功焦虑症"的时代里，听上去虽然不那么舒服，但是一个你不乐意相信却必须接受的事实就是如此：成功者永远是少数。

我们来做三道选择题：

前几年网上热衷于讨论去大城市还是回小乡村，这段时间类似的争吵也慢慢少了。在北上广深这样的大城市生活看上去光鲜亮丽，但是以世俗的成功标准来定义，真正融入大城市生活的毕竟只是少数，多得是你没看到的生活在城中村唐家岭地下室的辛酸故事。如果一开始就知道无法在大城市定居下来，你还会选择去吗？

其次是从2013年下半年开始的创业大潮，当初很多人抱着一种"别人能做，我为什么不能"的心态开始了各自领域的探索。开始我们常常在各种社交网络上看到这样的新闻：××公司估值几个亿了，谁谁跟投资人谈了十分钟就拿了千万风投。后来我们看到的更多是这样：资本寒冬来了，大潮退去看谁在裸泳，××公司倒闭了，哪个老板带着小姨子跑了。如果一开始你就知道自己没有中彩票的运气，是否会从一个稳定的环境中跳脱出来去追寻一个看上去不怎么靠谱的梦想？

做公众账号也是如此。截止到目前公众账号已经快接近2000万个了吧，而且每天都在数万数十万地增长，但是真正靠公众账号盈利的不足1%。当身边所有人都觉得这是一个获取用户最快、来钱最容易的手段的时候，你凭什么觉得自己也可以？当然你可以说我做公众账号不是为了赚钱，不是为了吸引用户，只是为了文字和记录本身，那么对于剩下的绝大多数的不赚钱的公众号，每天定时定点发布的意义又在哪里？你是否还会坚持？

对于上面三个问题，我个人的回答是：会，会，会。

有句广告词是"人生就像一场旅行,不必在乎目的地,在乎的是沿途的风景",我比较喜欢的是这种不以成败论英雄的态度,也许你去了北京之后发现自己并不适合那里,你创业失败老板跑路,你公众账号做了一年粉丝几百,但是至少你知道在那里,山有多高,海有多宽,后边还有多少天才在追赶。

年轻无知的时候会觉得,"他妈的这个世界怎么这么不公平",但是当你不再被荷尔蒙冲昏头脑的时候会想,"现在是什么情况,接下来我应该做点什么?总不能坐在地上哭吧!"

有一个很尴尬的问题是,**当你知道得越多,精神上的痛苦就会越大。**去过那么多地方,吃过那么多美食,看过那么多美女,但是如果有人告诉你这一切都与你无关,这种痛苦便会像乌云一样压来。

所以回到开始的命题,如果这辈子不成功怎么办?答:趁现在,要么去赚钱,要么去读书。

我始终觉得这个世界上遇到的绝大多数问题都是钱的问题,只有解决了钱的问题之后,才有更多的时间和精力去面对其他问题,因为他不用再为生存做太多的挣扎。

没有钱的文艺青年跟骗子没有什么两样,没有钱去实现的梦想只是妄想,一边挣扎在温饱线上一边去热爱你的热爱,很多时候只是因为没有能力实现自己的梦想才故意装出主动舍弃了一切的样子,明明自己得不到,非要说是不想要。

但是钱不应该是成功的唯一衡量标准。

王小波说一个人只拥有此生是不够的，他还应该有诗意的世界；高晓松他妈说，生活不只是眼前的苟且，还有远方和诗。一个人活着，除了物质上的追求之外，还得追求精神上的满足，让自己有一个遗世独立的后花园，那里的花朵只属于自己和自己最亲密的人。

　　最糟糕的情况是什么呢？每天披星戴月地感动自己，终日把自己搞得看上去忙忙碌碌，却不知道自己忙的意义在哪里。看上去洒脱随性，其实是混吃等死。

　　还有一种是明明知道那样可以，但就是不去做，因为妈的太苦了。一边懒惰，一边抱怨。穆旦有一首诗歌叫《丰富，和丰富的痛苦》，翻译过来就是：你懂的道理那么多，却没有那些傻×过得快乐！

## 你是正经人？那我们别做朋友了

一个直男癌朋友，最近被喜欢的女孩设置了朋友圈不可见，他跑来找我，想让我传授他一些撩妹技巧，好让她把他解除屏蔽。

"看不到她的朋友圈,我的心都碎了,你帮我想想办法吧,社长！"他说。

他问得很诚恳，看他这么谦卑，我就说你给我发66块钱红包，我就告诉你15条人生奥义之撩妹绝招。他咬咬牙给我发了88块。

接受过我的点拨，他兴致勃勃地打开微信，三句话没说完，就被女孩彻底删除了好友。

我说你怎么说的呀？他说我也没说什么啊，就问她在干吗，然后说了一下我最近投的几个项目，当天的时事热点啥的，想跟她讨论一下。

后来他把聊天记录发给我，我看完差点没被气死。你们猜他跟女孩说了什么？在聊川普，韩国女总统的闺蜜，人民币和美元跌涨，行业内幕，看得人想立马顺着网线过去掐死他。

我说你这哪里是追女孩啊，她不应该拉黑你，她应该过来砍你。别说是追求对象了，就连普通朋友也受不了你这种一本正经的 style 吧。

1
说实话，我特别害怕一本正经的朋友。

不是一本正经有什么不好，而是我觉得，跟这样的人打交道和相处有着非常大的压力，他们的存在仿佛是为了突出你的猥琐和卑微，就好像男生宿舍里不和大家一起看岛国电影的君子，女生宿舍里不和大家聊八卦的女圣母。

这种朋友怎么讲呢？生活得过于正确，过于正经，过于道德。这样的人只能让我佩服，尊敬，适合让我远远观望。我喜欢的朋友，永远是那些有个性，有情绪，有喜恶，有自己观点且不掩饰自己的那一类人。

明人袁宏道有句话，他说："余观世上语言无味面目可憎之人，皆无癖之人耳。"

明朝张岱也曾说："人无癖不可与交，以其无深情也。人无疵不可与交，以其无真气也。"

张岱这句话翻译过来，是说一个人若无癖又无疵，四平八稳，谨小慎微，没有一点点个性，这样的人缺乏"深情"和"真气"，缺乏人之所以为人的那一点点必不可少的血性。与这样的人交往要么是如食鸡肋，要么是与虎谋皮。

2
前几天跟杭州几个做自媒体的朋友吃饭。

一般这样的饭局我是很少参加的，因为我太不会说话，也不太善于交际，每次大家客套一番，说一些场面话，我都想立马爆炸，变成天上最绚丽的烟花。

　　酒过三巡，推杯换盏，大家从内容创业聊到最近的 papi 酱与罗辑思维分手，从锤子手机聊到资本运作，从短视频的运营前景说到多平台整合。无知如我，真是一句话都插不上，只能安心吃菜，低头玩手机。

　　然后有个哥们见我不说话，就主动挑起话题，问我怎么看百度最近要推的百家号。我说，啥？我没听说呀。然后非常不合时宜地回了句，对了，你现在接广告一条多少钱呀？

　　瞬间，整个饭桌都安静了……

　　同桌的另一个妹子立马给我发了个微信说，"社长你他妈真是逗！"

## 3

　　我说这也不是个行业峰会对吧？这就是一个朋友间的饭局，能不能聊一些私密性的好玩一点的八卦，别整那些有的没的。

　　比如你们可以讲讲 papi 酱的老公到底是谁，咪蒙到底有没有欺负实习生，新世相的丢书活动靠不靠谱，哪些公众号是在刷量……

　　这种话题，喝点酒时才下饭嘛！还能增加彼此的信任和友谊，一本正经的话题不必你来说。

　　那句话怎么说来着——True friends don't judge each other. They judge other people together.

## 4

　　我的好朋友 twotwo 曾评价我说，我最喜欢社长的一点就是从来不阻止我骂和菜头。

　　我说我为什么要阻止你？你也没有阻止我骂你最喜欢的冯唐和罗永浩啊。

他很清楚我最喜欢的写字的人就是和菜头，最喜欢的公众号叫"槽边往事"，也经常会在朋友圈拿这个揶揄我，但是我反而觉得他是一个很真实的人，即使在很喜欢这个人的人面前，他也毫不掩饰自己对这个人的观点。

有很多朋友不理解，说 twotwo 老说你，也经常说和菜头，你不生气吗？我说完全不啊，他也没有天天说，而且他经常发猫发狗我觉得还挺可爱的，更重要的是每年我生日他都会给我送礼物。

所以对我来说，交朋友，有棱角的人要比圆滑的人可爱很多。我也遇到过很多人口口声声说啊我好喜欢你，也好喜欢和菜头，但是我加了对方的好友，却从来没有见过他转发任何一篇我或者和菜头的文章，也从来没有见过他的打赏。

我总不能问，你喜欢的凭证在哪里呢这种无聊的问题吧。

5

换到追女孩这个话题上来，我觉得也一样。

你跟一个人聊天，最重要的其实是真实和真诚，每个人都有自己的缺陷，每个人都有自己的喜恶，不必为了刻意讨好对方迎合对方，而扭曲自己。

说白了，**任何的曲意逢迎和谄媚讨好都不会给你的人际关系加分，无论你是多么人畜无害的性格，都会有人欣赏你，也会有人讨厌你。**

如果说我日渐变得成熟，懂得了什么跟人相处的道理，那就是我明白了做人要有那么一点点必不可少的血性。

赖声川的话剧里有句话说，没有一条道路是通往真诚的，因为真诚本身就是道路。我想在这句话后面再加一句，但总有很多的人，以为虚伪客套是种能力，钻营计较才是本事。

## 吃亏要趁早

郭德纲有一次采访，谈到为什么会关闭微博评论，刷爆了各大社交网络。

在这段视频中，有两个观点让我很有共鸣。

第一个观点：

主持人问：活得明白是需要时间的对吗？

郭德纲：不需要时间，需要的是经历。

3岁经历过就能明白的一件事，活到95岁还没经历还是不明白，但是吃亏要趁早，活得一帆风顺不是好事。从小娇生惯养，没人跟他说过什么狠话，65岁走在街上谁瞪他一眼，当场就猝死。从出生就挨打，一天八个嘴巴，铁罗汉，活金刚一样，什么都不在乎。

第二个观点：

主持人问：当年那个事儿在你身上还有影响吗？

郭德纲：这个东西是跟人一辈子的。

我特别讨厌那种不明白任何情况就劝你一定要大度的人，就是这种人，你要离他远一点，雷劈他的时候会连累到你。别人扎你一刀，你的血还没擦干净呢，他说你要勇敢。

1

郭德纲的视频，在不同的人看来，感受是完全不一样的。

中国有句老话：吃亏是福。意思是退一步海阔天空，要懂得谦让，不要太过于计较。

所以你一定听过类似的心灵鸡汤：面对吃亏，一个人表现出来的豁达，是一种以个人能力为基础的自信；修行要从修身做起，头一个就是要学"能吃亏，肯上当"；有些亏是吃得难受，但你何必自己苦自己，不妨装糊涂，才有安然平顺的心情。

这类鸡汤曾经大行其道，但是我想问的是，**凭什么要用我的大度豁达来换你的得寸进尺呢？** 我又怎么能相信此刻的忍辱负重可以换来明天的大好前程呢？

在我看来，所谓的吃亏是福，一定程度上来说不过是弱者的自我安慰罢了。表面上看像是给人一种豁达的感觉，但其实不就是那也没辙的无奈嘛。

2

吃亏就是吃亏，不是什么福气，只不过你要明白的是，计较的是什么？争取的又是什么？

比如你去菜市场买菜，为了两毛钱争吵一下午，那就没必要了。你可以去跟小贩计较，指出对方缺斤少两，下一个顾客可能就不会受骗了。但是你不会花太长的时间跟他在两毛钱的问题上纠缠，摆摆手说算了。否则只能证明自己的时间不值钱，而且对手也太弱鸡了。

或者你去古镇旅游，不小心被导游忽悠买了好几千块钱甚至上万块钱的玉石，后来发现是假的。有些人会劝你说算了吧，就当花钱买一个教训，但是你心里一定不服气。好不容易出门玩一趟，花了很大价钱买的纪念品居然是假的。那么，与其说你不去计较是内心豁达，还不如简简单单承认是自己没有能力计较罢了。

再或者你住宿舍，遇到了奇葩室友。什么东西都要跟你借，跟你共用，而且用的时候理直气壮，就像拿自己的东西一样，如果哪次你不借给他了，立马跳脚，抱怨你小气、不够大度。

如果宽容就是为了纵容，那么你就给喜欢占便宜的傻×们提供了一个绝佳的滋生土壤，然后自己在无数个夜里默默咬被角流泪。

## 3

其实生活中这样的例子比比皆是：

平时不联系，一联系就理直气壮找你帮忙占你便宜的朋友；自己不好好干活，把事情交给别人最后还捅你一刀的同事；在恋爱中各种算计，连套套都要 AA 制的对象。

如果你遇到一次，那么我希望你不会遇到下一次。而且这一次越早发生越好，就像郭德纲老师说的那样，吃亏不是福，长教训才是。

## 你这种给别人贴标签的行为真的很 low

中国移动互联网的用户已经破八亿了,就连你远房表叔舅姥爷都开始使用微信了。微信公众号推出到现在也有三四年时间了吧,活的公众号已经超过 2000 万个,基本上你在路上遇到个什么人,都会说自己是自媒体人。

我算是比较早玩公众号的了,2013 年就开始在上面写点东西。建立账号也是因为看到朋友圈传播的内容实在太山炮了,所以写了一系列诸如"朋友圈十种最 low 逼的行为""朋友圈最容易被拉黑的十种人"这样的文章。

三四年时间过去,我以为读者的自我教育都已经完成了,像没事就找人给自己的孩子投票,一天到晚晒自拍,晒无主情话,做代购之类的行为应该收敛了很多。没想到有些所谓的自媒体大 V 为了流量,还在一天到晚写这些教育用户的内容,搞得我一脸黑人问号。

本来我也是无所谓的,各凭本事,各谋活法嘛!但是昨天有朋友给我发了一篇《田朴珺重新发明了一种女人:独立婊》的文章,我就无语了,看到一半就尴尬癌发作，恨不得立马替她原地爆炸：通过三观不正建立起来影响力，还利用这种能力煽风点火，也是没谁了。

倒不是说我有多讨厌这篇文章的作者，只是觉得这种随便给人贴标签的行为真的很 low。

俗话说得好，说自己婊的人，自己未必婊，但是说别人婊的人，自己的确都婊。

1
先来普及一个常识：贴标签。

我的女神刘瑜在《观念的水位》里有一篇关于标签的文章，说中国人爱走捷径。

因为懒得锻炼身体，所以特别推崇各种补品；因为不愿承受经营劳作之苦，所以好赌风气长盛不衰；因为嫌恋爱麻烦，所以嫖娼屡禁不止——这话也许以偏概全，但也有其闪光之处。在网络上，很多公共领域的辩论中，人们也爱走捷径，那就是：贴标签。

例如：
90 后都是非主流，现在的孩子不靠谱。
韩国人都整过容，喜欢韩国明星的都是脑残。
IT 男程序员情商低不修边幅直男癌。

贴标签的好处，就在于省去了论证的辛苦。在思维极端化的背后，是认知上的懒惰，以及对教条的渴望。你说我独立婊，我说你白莲花；你说我贱人，我说你 low 逼。

当言论陷入这样的逻辑，就跟泼妇骂街没什么两样了。在网上，这就叫云骂街。

2

万科的故事我并不关心，王石和田朴珺之间发生的故事我也并不清楚。我敢说凭大多数人的知识和经验，都不太能理解那种复杂的资本关系、政商关系、情感关系。

但是遇到什么问题都要发表一下观点、蹭一下热度的人也真的挺烦人的，更何况明知自己已经有那么多读者，还要去给人扣一个帽子，带着一群人去踩一脚，这种行为可以用"作恶"来形容了。

在网上厌恶一个人，或者是一群人实在是太容易了，随便扣一个傻×脑残的帽子也不要什么成本，哪怕是因为桃子是吃软的还是脆的这种问题都能不共戴天。

更何况这样的讨厌，还能引起一大群人的拍手叫好，给自己带来 N 个十万加，更高的人气，和更可观的广告收入。

不管文章传播出去产生什么后果，就算犯了多么严重的错误都觉得心安理得，因为错了不用自己担当，所以对他人的评价就容易随意而鲁莽。

3

如果你在网上待的时间足够长，那你肯定对下面这样的词汇不陌生：绿茶婊、男闺蜜……并且每次看到这样的词汇，都能主动地对应到某一些人身上，并且觉得：

男闺蜜：如果不是 GAY，他肯定就是想睡你呗，男女之间哪有什么纯友谊，他这么积极主动靠近你，绝对没安好心。

绿茶婊：长得这么好看，一副人畜无害的样子，不知道是想勾引谁啊，男人都是眼瞎吗，会喜欢这样的人。

不得不说，整天把这种话挂在嘴边，并试图用一个标签去打压另一群人的，要么心智不正常，要么极度缺乏安全感，所以必须和其他人抱成一个团。

更令人觉得恶心的是，这些人还以为自己屹立在社会生活和思想道德的巅峰，其他人都是贱人和 low 逼。

他们在网上横冲直撞，声嘶力竭，通过否定别人来肯定自己，用随众来获得安全感，树立假想敌来战斗，好像只有这样，自己的精神世界才能获得极大的满足。

4

曾经有一句话很流行：如果你没瞎，就不要从别人的口中认识我。

把这句话更新一下：如果你心智正常的话，就不要通过一篇文章、一个标签，甚至别人的嘴去认识一个人。

因为你永远不知道在别人嘴中的你会有多少版本，也不知道别人为了维护自己，为了获取自己的利益，而说过多少蠢话去诋毁你。

如果从小就被这种偏见、贴标签的情绪所影响，那么在面对任何人或者事情的时候，都会不自觉流露出带有强烈主观色彩的爱憎。

伟大的先贤和智者早就告诉过我们：Great mind discuss ideas, average mind discuss events, small mind discuss people.

5

**不要随便给人贴标签，也不要用自己的标准去臆断别人生活得幸福不幸福。**

别利用煽动他人情绪建立的影响力煽风点火。好好做自己的广告吧。

最后再送一段让我受益匪浅的话给大家，我很喜欢的大妹妹菁菁说的：

你不是××人，不是××人，不是××人，不是××人，不是××人，不是××人，你是你自己，你诞生于某国某地，使用某种品牌手机，在某个公司从事某种工作，都是一些不必要的特征，唯一必要的是你自己。